東大の先生!
文系の私に超わかりやすく
数学を教えてください!

数学原来可以这样学

初中篇

[日] 西成活裕 / 著　郭勇 / 译

CTS 湖南文艺出版社
HUNAN LITERATURE AND ART PUBLISHING HOUSE
博集天卷
CS-BOOKY

前 言

东京大学尖端科学技术研究中心，简称"尖端研"。

尖端研的校区非常宽阔，距离东京大学驹场校区不远，那里云集了来自世界各地的最顶尖的专家和教授。他们研究的领域也远远超越了以往传统的学术研究，每个人都拥有独一无二的科研成就。

但是……

那是一个和我完全无缘的地方，因为我的主业是写作，而且我是文科出身。我从中学时代开始，就对"数学"产生了强烈的畏难情绪，咬着牙才勉勉强强学到了高中。结果在高中的一次微积分考试中，我考了一个"鸭蛋"——零分！这给我脆弱的内心留下了大面积的阴影，也正是因为这个心理阴影，我才选择了文科。我就是"因为数学不好，而消极选择文科"的典型代表。

但是有一天，和我一样患有"数学过敏症"的一位文科编辑跟我说：

"你想不想治好'数学过敏症'？
"一定想治好吧？
"那我们一起去治病吧！"

然后我就被半拖半拽着跟她一起去采访了。

我一问，原来采访对象名叫西成活裕，是应用数学领域的一位神一般的教授。他曾经用数学原理解开了交通堵塞的谜题，甚至独自创造了一门名叫"堵塞学"的学问。据说这位教授可以用超级简单易懂的方法教我们学数学。

真的假的……？

我可是"数学过敏症"的重症患者，到目前为止，只要听说前面有跟数学有关的东西，我都会绕道而行。虽然说你给我一本初中数学书，我也能看明白，但我就是不想看！

另一方面，在工作中我常会采访一些企业经营者和经济学家，在采访过程中，我常会因听不懂他们讲的数学方面的内容而备感尴尬。我还有一个想法，就是想让我的宝贝女儿多学一些理科知识，长大后不要像我一样成为"数学白痴"。可是……说心里话，我连辅导她做小学数学作业的自信都没有。

咦？等等！这次采访……难道不是帮我消除心理阴影的大好机会吗？而且还是千载难逢的好机会！

想到这里，我原本沉重的脚步渐渐变得轻快了，内心也没有那么抗拒了，甚至开始有点期待了呢。

认真想一想，确实，治好我"数学过敏症"的机会，恐怕就在今天了，过了这村可就没这店了。

对！就在今天！

于是，"回炉再造——成年人数学班"就在西成活裕教授的研究室"西成研究所"中开课了。

我先说结果吧。

拥有三十年文科经验的我，竟然毫无难度地理解了初中数学。

如今，我也有自信教自己女儿学数学了。

而且，关于我最想知道的一个问题——"为什么数学那么重要？"——我也从教授那里得到了答案。更令我惊异的是，自己高中时期完全放弃的微积分，通过教授的讲解我也完全弄懂了！

是不是很了不起？

而且，总共只用了五六个小时就搞定了。

在这么短的时间里，我三十年来的心理阴影就被一扫而光，这真的让我欣喜若狂。但同时，我也深深地叹息，要是上中学的时候就能知道这些道理，我的人生可能会更加丰富多彩。

工作中要用到数学的朋友、想知道"数学有什么用？"的朋友、想辅导孩子做数学作业却没有自信的朋友、从小就患有"数学过敏症"的朋友，以及正在学习初中数学的孩子们，建议你们快来读这本书。

读过之后，你一定能明白为什么数学那么重要，数学在工作、生活中都有什么用。这本书能以最快的速度、最短的路径，让你对数学产生更深刻的理解。

像我一样的文科生们，对数学感到头疼的朋友们，赶快打开西成研究所的大门吧！

人生中第一次理解了数学真谛的

乡和贵

本书的特征

本书面向的读者不只是学生，还包括"对数学备感头疼"的成年人，它可以帮这些朋友理解数学，让对数学有阴影的人能够重拾对数学的信心。

通常情况下，学生学数学的时候，不知道终点在哪里，只是按照教材、老师的指导，逐个攻破各个单元。就拿中学时代来说，这样的单元就有几十个。对想重拾对数学的信心的成年人来说，他们没有那么多时间，不可能逐一学习每个单元。为了在最短的时间里掌握数学知识，我们把数学分为三大范畴，并为每个范畴设定了"大 boss（最终目标）"，这样就能以最短的路径到达终点了。

通常路径

本书的路径

数十个单元，要一个个攻破。

以最短的路径，复习所有单元。

终点

真快!

只有三级

Nishinari
LABO

西成研究所

目 录
CONTENTS

东京大学的教授，
请传授我学习数学的
简单方法！

第1天

我们
为什么要学数学？

第2天　以最快的速度、最短的路径学习初中数学！

第3天 一下子掌握初中数学的顶点——"二次方程式"！

第4天 瞬间理解初中数学中的"函数"！

第 6 天 【特别课程】 体验数学的最高峰——"微积分"!

老师

西成活裕

东京大学尖端科学技术研究中心教授

四十二岁便成为东京大学教授的学术精英，但是西成教授心系草根，对于那些"在数学中迷路的孩子"，不管是学生、主妇，还是上班族，他都想让他们爱上数学、理解数学。而且，他拯救了很多人。西成教授的兴趣是歌剧（自己还出过唱片呢）。

学生

我（乡和贵）

以写作为生的纯粹文科人

初中时代就被数学打败，高中的微积分考试曾经考出零分，从此彻底切断了自己的理科道路。从那以后，见到数学的"数"字，我就头疼。

我有一个小心愿，就是能辅导心爱的宝贝女儿做数学作业，以前完全没有自信，希望通过跟西成教授学习，实现这个心愿。

责任编辑

她想治好自己的"数学过敏症"，结果把我也卷进来了。

Nishinari
LABO

第 1 天

我们
为什么要
学数学?

数学，
对人生有用吗？

第1天　第**1**小时

文科人逃避数学时，常用的一个借口是："数学什么的，将来对工作、生活有什么用啊？没什么用嘛。"因此，我们首先解开这个疑问，"数学，对生活到底有没有用？"

> ⇨ **并不是"没用"，只是"我们没想让数学有用"**

 欢迎来到西成研究所！

 西成教授您好！非常不好意思，给您送来一个我这样的"文科人"……

 这是说哪里的话。我的目标就是让更多的人对数学产生兴趣，多一个人我也高兴。要我说的话，反倒是像你这样对数学有抵触情绪的文科人，更容易理解我讲的数学。

 那我就放心了。能得到您的赐教，真是机会难得，那我就不浪费时间了，直接问您一个困扰了我很久的问题，学数学到底有什么用呢？

我在网上曾经进行过类似的调查，抛出这个问题之后，网友们的回答大多是"对实际生活没什么用"。
对于日常生活中的问题，我是不会通过解方程来解决的。

确实，没有数学知识，我们也能生活下去。但要我说的话，离开数学，人的生活会有点粗糙。

 粗糙……？

 说"数学没有用"的人，只是"没想让数学有用"。实际上，我们的生活中到处都用得到数学。原本，**数学的一大目的就是**解决世界上的问题。

 解决问题……听上去有点难（开始有点慌了）。

 别慌（笑）。我们人类，天生就有一些欲望。比如，"有没有更好的办法？""怎么做效率更高？"**为了解决日常生活中的"麻烦事""困难事"，数学便应运而生了。**

⇨ 　**先用数学解决身边的问题，试试看！**

 但是，在我的印象中，用数学的人都是理科的研究人员、金融机构计算金融风险的人、设计新产品的人……都是"非常了不起的专家"呀。

我们在日常生活中遇到的问题，也能用小学、中学的算术、数学解决吗？

 当然可以。我举个例子吧……
对了，你有孩子吗？

 有个一岁的女儿。

 你给女儿喂奶之前，是不是得先消毒奶瓶？假设你需要自己配制消毒液，你在网上查了一下，发现奶瓶消毒液的配制方法是"在 1000 ml 的清水中加入浓度为 1% 的次氯酸钠水溶液 12.5 ml"。

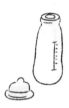

 呃（无言以对）……

 你女儿已经饿得不行了，开始哭闹了，如果没有消毒好的奶瓶可就麻烦了，你要加油哟！说到次氯酸钠水溶液，一般家庭里都有，就是厨房中常用的漂白剂。看一下你家的漂白剂瓶子，上面一般写着"浓度为 6% 的次氯酸钠水溶液"。这个时候，我给你 2000 ml 清水和一瓶漂白剂，要兑成消毒奶瓶用的消毒液，你要往 2000 ml 清水中加多少漂白剂？

配制消毒液的条件

1000 ml 清水中加入浓度为 1% 的漂白剂 12.5 ml

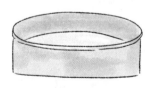

2000 ml 清水

浓度为 6% 的漂白剂

奶瓶用的消毒液? 我会去网上买啊!

 那也是个办法……不过……

 啊! 对了, 这就是我 "没想让数学有用"!

 对喽! 你能意识到这一点, 真是太好了。
确实, 即使不计算, 我们也能找到替代方案, 所以, 很多情况下, 我们不用数学也能生活得很好。但是, 假设前几天发生了大地震, 交通物流陷入停滞状态, 网上购物已经无法实现了, 而你家只有一瓶漂白剂, 要想配制奶瓶消毒液, 就得靠数学。

让我们再回到问题中来, 因为我给了你两倍的水, 所以, 为了保证兑出来的消毒液浓度不变, 那么加入的次氯酸钠水溶液(浓度 1%)也要翻倍, 即 25 ml。

1000 ml 清水   浓度 1% 的漂白剂 12.5 ml

2000 ml 清水   浓度 1% 的漂白剂 25 ml

但是, 你手里的漂白剂的浓度是 6%, 如果直接加入 25 ml 的话, 那么兑出来的消毒液的浓度也是要求浓度的 6 倍。

那该怎么办呢？只要把 25 ml 平均分成 6 份，只取其中 1 份就行了。

也就是说，25÷6，结果是 4 ml 多一点。

看吧，不用列方程式，用小学算术也能解决这个问题。

 浓度 1% 的漂白剂
需要 25 ml

 浓度 6% 的漂白剂
如果也有 25 ml 的话

 只取 1/6 的量即可！
25÷6 ≈ 4.16

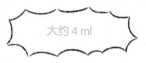 大约 4 ml

 噢，很简单嘛。而且，还省了网上购物的钱！

 从上面的例子里我们可以看出，**很多人没法从数学中获得解决身边问题的灵感。或者说，他们根本没想过用数学的思维或方法去解决问题。**

 嗯，如您所说，我非常赞同。

 认为数学有用的人和认为数学没用的人，差别就在这里。

 数学的原点在于"想进行测量"的欲望

 数学究竟是因为什么而诞生的？这是一个相当深奥的问题，如果回顾一下数学的起源，也许有助于我们找到问题的答案。

你知道近代数学之父是谁吗？是德国数学家高斯，我曾去过高斯生活过的地方。

高斯？就是描述磁场的强弱时用的单位？

卡尔·弗里德里希·
高斯（1777—1855）

 对。高斯还是一位物理学家，磁感应强度或磁
通密度的单位，就是以他的名字命名的。在高
斯生活过的地方，有一座小山，他生前一定爬过
那座山。我怀着敬畏的心情，也爬上了那座山，
当我爬到山顶的时候，我有什么样的感受，你能想象得到吗？

 啊！好想来一杯冰镇啤酒！

 哈哈，那只是感受之一了。提示你一下，
想想"进入我视线的东西"是什么。

 德国的山啊……在我的印象中德国是平原吧，您看到的应该都是森
林吧？

 对！德国确实地处平原，但也正因为如此，如果有小山的话就会特
别显眼。我站在山顶放眼望去，可以看到很远的地方也有小山头。
于是我心里就有一个声音："真想测量一下我到远处那座小山之
间的距离！"

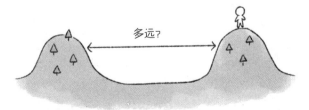

多远？

 是吗？您这个想法很平常啊，没什么特别之处（笑）。

是啊，我想谁站在那个山头，都会产生这样的想法吧。

实际上，高斯留下的成果很多，但其中集大成的要数"**微分几何学**"。简单地说，他创立的是"研究几何体曲面本质性质的学问"。举例来说，就是用像纸一样的二维平面，表示带有弧度的三维曲面的方法。

用二维表示三维？

对，比如地图。

地球是个球体，可是我们看到的地图都是平面的，当然，地球仪不算。纸质地图、谷歌地图、各类导航中的地图，都是平面的。

可是你想过没有，地球表面是个弧面，我们从 A 点到 B 点所走的距离，真的和地图上用尺子量出来再用比例尺换算后的距离一样吗？

三维

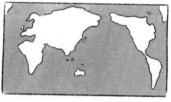

二维

确实，带弧度的线段，感觉应该比直线段长一些啊。

但是，它们之间的转换逻辑，高斯已经想到了。所以，高斯既是近代数学之父、几何学之父、测量之父，也是地图之父。

虽然我不是很了解他都有哪些功绩，但我感觉他真是个天才（笑）！

 那天，当我站在山顶眺望远方的小山时，我心想，当时高斯肯定也想过："我要测量一下自己到远处那座小山之间的距离！"

正是因为拥有想要测量的欲望，他才会埋头于数学的世界中，尤其是他对几何学的热情，从未冷却过。

 这个故事真不错！

 如何向别人准确传达信息？

 让我们张开想象的翅膀，追溯到更久远的古代。我想，在那个时候，"想知道××的长度""想知道××的面积""想知道××的体积"，是人类的一种本能的欲望。

古代人已经不满足于凭感觉来估算数值，他们开始想知道准确值了。

 而且每个人的感觉都不一样啊。

 你也这么认为吧。

举几个例子，假设汽车导航告诉你"再开一会儿后请右转弯"，电视里的天气预报说"明天稍微有点冷"，西装的尺码上写着"适合体格比较健壮的人"……恐怕我们的生活就要乱套了。

 这都什么乱七八糟的（笑）！

是啊，"一会儿""稍微""比较"之类的都是人的感觉值，每个人的理解可能都不同。所以，凭感觉传达信息的话，很容易引起误会。

举个例子，古代人要盖房子吧。盖房子首先就得砍树，用圆木盖房子。那么，要砍多长的圆木呢？

这时，村长一声令下："你们带回来的圆木，比 A 君高一点就行。"全村人都凭着自己的感觉出去砍树了。结果，他们带回来的圆木会是什么样？

肯定是长短不一的。

A 君

 确实……

 再比如，你想要一个木头盘子，就拜托木匠邻居帮自己做一个。木匠问："你想要多大的盘子？"你说："两个手掌那么大吧。"结果会怎么样？人的手掌大小不同，那木匠做出来的盘子可能和你的预期也有所出入。

手掌大小不同　　　　　　　做出的盘子大小也不同

是啊。如果使用数字表示的话，就能够准确传达信息了。

没错。用数字表示，才能"**制造出同样的物品**"，从这个意义上说，数字具有再现性。用数字表示，才能使"**所有人看到的，都是一样的信息**"，从这个意义上说，数字具有客观性。

于是，古人开始思考"法则"，也就是"解决问题的程序"，经过代代相传，数学这门学问就发展起来了。而且，数学渐渐地被应用到了各种各样的领域中。

可以说，如果没有数学的话，我们就不可能造出房子、汽车、电视机、手机……

单凭感觉值去做事，是有限制的。

对，事物一复杂，感觉值就不好用了。从这个意义上说，我猜测**数学起源于测量或建造**，用数学用语讲，应该是"**几何学**"。通俗地讲就是图形。"怎么测量？""怎么建造？"这些人们在现实生活中逃不开的问题，促使数学诞生。

嗯，数学应该不是从还贷金额的计算中诞生的（笑）。

你可真会开玩笑（笑）。

因为产生了对图形的相关知识的需求，古代头脑聪明的人就下定决心："好吧！我一定要找出答案！"然后通过拼命思考，他们研究了三角形的性质，将体积定义为"底面积 × 高"，还计算出了圆周率。

数学是一门在现实生活中超级实用的学问

 原来如此。所以，数学被应用于各种领域。

 物理、化学、天文学等，都被称为"自然科学"。研究自然的科学，当然被定义为自然科学。

但是，我觉得自然科学这个定义有点暧昧不清。所以有人说："数学是一门抽象的学问，不应该属于自然科学。"

我觉得把数学排除于自然科学之外毫无道理，我认为数学正是自然科学的底层基础，或者叫地基吧。如果没有数学的话，观测、研究大自然，是不可能的。

 天文学的基础也是数学？

星星和星星之间相距多远啊？

 必须是数学！

你还记得上学时学过图形的"相似"吗？要是没有相似，我们就无法测定星体的位置。

可是，生活在现在这个时代的我们，因为科学技术已经十分发达，所以只愿意看到表象，而容易忽视数学是现代文明的基础这一事实。

前面咱们提到了地震，我想问问您，用数学可以计算海啸时巨浪的高度吗？

 可以的。我有一个研究方向是"**孤立子理论**"，这是一个特殊的数学领域，研究的是波的运动。

日本国土交通省就是根据该理论计算海啸巨浪的高度，然后指导各沿海地区建造防波堤。实际上，现在日本的东北沿海地区正在建造巨大的防波堤。

 如果防波堤太高了，人们就只能看墙了……（笑）

 是啊（笑）。建造超高超大的防波堤，从安全的角度考虑没毛病，但从景观的角度考虑，就有问题了。

从这个意义上说，数学并不能解决世间的一切问题。**但至少，数学可以给我们一个客观的标准值，比如"建这么高，是安全的"**。

 嗯，至于采用还是不采用，决定权在人，但至少数学给我们提供了一个标准。

嗯，没错。说到实用性，二十多年前，我还曾借助孤立子理论，帮忙设计出一台打印机呢。你应该知道，打印机在工作的时候，印字部位是在不停地左右移动，移动就会造成震动。我利用孤立子理论，改进了设计，大大减弱了印字部位的震动。

哇——您太厉害啦！

像我这样为了解决世间的难题，而努力进行研究、计算的人，其实有很多。只不过我们身居幕后，不为人所知罢了。但是，你如果能掌握数学知识的话，就能看见我们的世界。

感觉世界一下子被拓宽了许多。

怎么说呢？就好像"能够客观地捕捉到世间的各种原理、原则"，那种发自内心的感动，绝对是世间最幸福的事。

⇨　**向巨人们借智慧，找到正确答案的飞跃性方法**

虽然现在我能理解数学的重要性了，可是要让我从头再学一遍，不知为什么我还是感觉心情挺沉重的。毕竟文科已经深入我的骨髓了（笑）。

没关系的。过去的伟人，给我们留下了宝贵的财富。
我最喜欢的一句名言是 "Stand on the shoulders of giants.（站在巨人的肩膀上。）"。

这是发现万有引力的艾萨克·牛顿的名言。当有人问他"你为什么能有如此伟大的发现？"时，牛顿这样回答：**"如果说我看得更远，那只是因为我站在了巨人的肩膀上。不是我伟大，而是前人了不起！"**

牛顿

牛顿真谦虚啊！我要是有如此伟大的发现，一定自豪得不得了（笑）。

正是前人的不懈努力和天才般的灵感闪现，才使人类不断有了新发现，认识到了新知识。可以说，**"人类的智慧是被不断积累起来的"**。

现在和三十多年前相比，社会确实便利多了。现在一部智能手机就能搞定一切，还有自动扫地机，据说无人驾驶出租车也要出现了。但是，我并没有感觉现在的人比以前更厉害……

正是因为前人的不断努力，我们才能有今天幸福、方便的生活，这一点一定不要忘记。
如果每一代人都要从零学起，那么就没有意义了。人类的文明也永远无法进步。

所以，我们要学习前人积累的知识、经验，**让自己站在距离终点更近的地方，借助前人的智慧解决当下复杂的问题。**

从起跑线出发的人

我离终点更近！

懂得借助前人智慧的人

终点

我们人类，就是一种懂得接过"智慧接力棒"的生物，这也正是人类强大的地方（满面笑容）。

 从伟人手里接过接力棒的行为，是不是就是"学习"？运用接力棒的智慧挑战新的问题，就是"研究""开发"或者"思考"，对不对？
也就是说……这就是明目张胆地"抄近道"啊！

 这个近道，我鼓励你明目张胆地抄（笑）！
初中学的二次方程式也好，毕达哥拉斯定理（勾股定理）也好，你学来用就是了，这就是"站在巨人的肩膀上"啊。

 噢……是不是"有便宜不占非好汉"的意思？

 这……还是有点区别（尴尬）。

我的"理科"逸事，西成少年时的兴趣

第2小时

第1天

用数学知识
面对现实中的问题

在你的印象中，是不是觉得"学理科的人＝头脑聪明"？"头脑聪明"
到底指什么？为什么学数学能让人"变聪明"？我们希望通过解数学问题，
来锻炼"思考体力"。

 文科生实际上也要使用"逻辑"！

 我明白了，数学原本就是植根于生活的一门学问，但我对心算就特别头疼。每次看到别人"噼里啪啦"心算的样子，我就特别后悔为什么没有好好学数学……

 不不，你误会了，心算和数学一点关系都没有。

 什么？完全没关系？

 我认识的数学家中，有一位就特别不善于心算。每次大家聚餐结束，AA 制算账的时候，他总算不清每个人该出多少钱（笑）。

每个人该出？

50,823 日元

知名数学家

每当遇到这种情况的时候，大家都会嘲笑他说："喂！你可是数学家啊！而且专业方向还是代数（数和式）！"他总是解释说："不，我的专长是 n 次方，一次、二次我不擅长。"

太意外了！难道使用的大脑部位不同？

不是的。说到底，**心算是一种特殊能力，只要下功夫掌握快速计算的技巧，谁都行。**

举个例子，学过打算盘或珠心算的人，在计算的时候头脑中就有个算盘，所以心算速度比较快。再比如，每天在公司接触财务报表的人，对数字也比一般人更敏感。

嗯，这倒是！

掌握了计算的技巧，能够快速算出正确结果，就能解决复杂问题吗？答案是否定的。

如果一个数学家，像心算高手那样"噼里啪啦"地就把复杂问题的解决方案给出来的话，那这个方案中肯定有不对的地方。

相反，只有那些小心谨慎、喜欢思来想去的人，才更适合成为数学家。

是不是说，对于数学，重要的不是"计算速度"而是"严密"？

对。对数学来说，最重要的是"严密、细致的思考"。

感觉有点像写文章的时候，思来想去，反复推敲，选择合适的词语。"这个词读者看后，会产生什么样的反应？""我写这个论点的根据是什么？"就像这样，必须缜密思考。

那么，写文章的思考过程，是不是和数学的思考过程差不多？

是一样的。

语文也好，数学也罢，底层都是逻辑。

就拿一句"早上好"来说，说出这句话的时候，我们的头脑已经经过了一系列的逻辑思考。

现在还不到上午十点，所以应该说"早上好"。对方的地位比我高，所以不能只说"早"，而是要说完整的"早上好"。

这就是逻辑思考。

说到这儿，我想起来，现在的大学入学考试，好像考试内容也大变样了。

听说与以往的死记硬背相比，现在更重视思考能力、判断能力。而且，更重视考核考生的语言表达能力，所以主观论述题的数量增加了。

没错。所以，与死记硬背公式相比，理解公式的含义、培养"理论性思考"的能力将越来越重要。

有些人说："我是文科生，所以逻辑思考能力比较差……"我会告诉他："理论，用'语言（自然语言）'写出来就是语文；理论，用'记号'写出来，就是数学。"

我认为，数学课上学的"公式"和语文课上学习的"语言"是一样的。

原来如此。

文科也好，理科也罢，底层都是逻辑，这一点是共通的。不同的只是**表现形式不一样**而已。

头脑聪明的本质是"思考体力"强

不过，我还是觉得数学好的人"头脑聪明"一点。

哈哈。我先问你一个问题，你认为怎样才算"头脑聪明"？

嗯……（思考了一会儿）我觉得是**有强大的"逻辑思维能力"**。

但是，也有不少学文科的人具有很强的逻辑思维能力啊。只不过，学数学的话，更容易锻炼逻辑思维能力而已。

我们再深究一下，所谓的"逻辑思维能力"又是怎样的一种能力呢？你是不是也似懂非懂？或者说心里大体上明白，但表达不出来？

嗯，确实……

我创造了一个新词叫"思考体力"，我也经常使用这个词。我认为，**"头脑聪明" = "思考体力强"**。

我把思考体力细分为六种力，如下图所示。

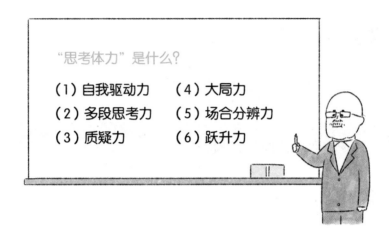

"思考体力"是什么？

（1）自我驱动力　（4）大局力
（2）多段思考力　（5）场合分辨力
（3）质疑力　　　（6）跃升力

哎？也就是说，"头脑聪明"是这六种能力的综合？

嗯，没错。所以"头脑聪明"是一种笼统的说法，实际上它应该是多种能力的综合。如果一个人平衡、完备地拥有这六种能力，那他解决复杂问题的能力肯定很强。

也就是说，学数学，就可以锻炼人的思考体力，是不是这个意思？

你又说对了。
学数学尤其能锻炼（2）多段思考力。所谓多段思考力，就是"由 A 推导出 B，由 B 推导出 C，由 C 推导出 D……"，将思考的结果层层累积，分多个阶段逐级思考，直至得出最终答案的能力。

对普通人来说，在日常生活中，遇到问题时，最多也就能分两到三个阶段来思考问题，然后思考就停止了。但**数学好的人**，随随便便就能够分十到十五个阶段来思考问题。

在解决复杂问题的过程中，多段思考力是一种必不可少的思考能力。

我感觉这和"逻辑思维能力"已经很接近了。

是的。说一个人"很有逻辑"，其中的一个含义是说这个人"能够把不同阶段的理论累积起来思考问题"。
通过学习数学锻炼出多段思考力之后，人的语文阅读理解能力也会相应提高。

那么，我刚才说从网上买消毒液的事……

这个……说实话……你的思考还只停留在第一阶段（小声）……

思考体力帮助我们面对前所未有的新问题

接下来我就给你详细介绍一下思考体力所包含的六种力。

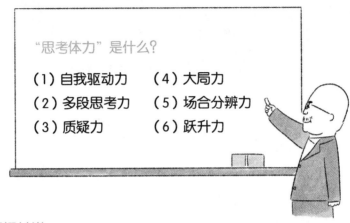

"思考体力"是什么？

（1）自我驱动力　　（4）大局力

（2）多段思考力　　（5）场合分辨力

（3）质疑力　　　　（6）跃升力

愿闻其详！

（1）自我驱动力，就是思考的原动力。

一个人"想知道""想解决"的欲望越强烈，他思考的动力就越大。如果是一副"知不知道无所谓"的架势，那这个人肯定不会深入思考。

平时，当我写作的内容是自己特别感兴趣的主题时，我感觉自己头脑的使用度会比一般情况高很多。

绝对是这样的。

所以，我上课的时候，不会一上来就讲数学知识，而是先让同学们思考"你们为什么要学数学"。当他们把学习的目的想清楚之后，多少都会产生"不妨试着学学"的念头。这样一来，他们就开始自发、自觉地学习了。

那些对数学感到头疼的人，包括我在内，都没把学数学当作"自己的事"。

要想把学数学变成"自己的事"，首先要让自己对数学产生兴趣。 玩游戏、追星、参加体育运动、玩无人机，为什么很多人都对这些很热衷？因为他们感兴趣。
要想让孩子喜欢上数学，我们可以把数学和他们感兴趣的事情结合起来。

比如，一个孩子特别喜欢打棒球，我们可以告诉他："你知道吗？击球后，球的飞行轨迹和落地点，可以用二次函数求出来。"

这个切入点真是太棒了。这样一来，那个喜欢棒球的孩子一定也会喜欢上数学。

没错。接下来说第二种能力（2）多段思考力，前面也讲过，其实这也是一种持续思考的能力。

是不是可以理解为思考的耐力？

对。专注力高、有耐心、不轻言放弃的人一般更具有多段思考力。其实，只要认真学习初中数学，就完全能够锻炼多段思考力。

下面我来讲（3）质疑力。"我得到的答案真的没错吗？""我的解释当真合理吗？"这种自我怀疑的能力，就是我说的质疑力。如果我们能在自己头脑的某个角落里，安插一个"冷静的自己"，那么就可以大幅减少犯错的概率。

这种能力长大以后也有用啊。

我们应该经常反思，自己现在正在解决的问题有没有解决的价值，自己在公司的工作习惯是否符合时代的要求……这些都需要我们进行自我质疑。所以质疑力是一种普遍通用的能力。

没错。接下来讲（4）大局力，就像老鹰在空中俯视大地一样，这是从整体上把握事物全局的能力。

养成从全局俯瞰事物的能力，就不会遗漏重要的事项。

举例来说，暑假作业总是做不完，就是孩子缺乏大局力的一个表现。一开始只顾着眼前的快乐，把时间都花在了玩游戏上，那开学前的三天就哭着补作业吧。

这又是在说我吗（哭）？咦？不过这种能力在解数学题时也能用得上吗？

当然能用得上。我在用多段思考力的时候，都走到了第十层，结果常会感到迷茫，"咦？我为什么要拼命走到这一步？"（笑）这就是缺乏大局力的表现。

我如果从头到尾都能明确努力的目的（全局），那就不会迷失了。

咦？

思考的阶梯

原来如此……没想到教授也有迷失的时候（笑）！

呃……接下来是（5）场合分辨力，这是指遇到复杂问题，有很多选项的时候，我们应该具备准确评价、判断的能力。举例来说，面对一道数学题的时候，我们应该判断使用哪种公式可以最快解答这道题。

（6）跃升力，也叫"灵感闪现"。我们在用多段思考力的时候，也会遇到不管思考多少个阶段，不管思考多久，都没法找到出路的情况。这个时候，就需要瞬间的灵感闪现，"咦？我为什么不用这种方法试试？"没准这种方法就是正确的解题之道。但灵感闪现不是凭空出现的，而是需要平时长期的积累。有足够多的知识储备，掌握知识点间的联系，才有可能闪现出了不起的灵感。

说到这儿，我想到有的人的思维就特别跳跃，总有非常巧妙的点子闪现出来。

在瞬息万变的现代社会，我们看不清未来是怎样的。在这种情况下，我们必须全方位地锻炼自己的思考体力，而学习数学就是一个最佳工具。

举例来说，日本社会有一个严重的问题，就是少子老龄化，可以说，这也是人类历史上前所未有的课题。

对于这样的课题，如果不动员综合思考体力的话，是难以应对的。

　初中数学就可以锻炼未来所需的全部思考体力！

原来如此……

令我备受挫折的数学，没想到竟然是"解决问题的最强武器"，还是"锻炼思考体力所必需的头脑训练工具"，**数学的意义重大啊！**

你能领悟到这一点，真是很大的进步。而且，**对一般的成年人来说**，只要掌握初中水平的数学知识，**就完全够用了**。

什么？教授您说什么？初中数学就够用了？可是我看您用的都是下面这种"看一眼都头晕"的公式呀……

> 看一眼都头晕

$$\oint \frac{ds}{2\pi i} \left(\frac{G(s)}{s^{1/t}-1} \right)^M = \sum_{x_1,\cdots,x_M} \prod_{\mu=1}^{M} h(\alpha_\mu)\, \delta\left(\sum_\mu x_\mu - (L-M) \right)$$

※ 现实中，这是西成教授创立的公式

没那回事。我平时常用的，也只不过是二次方程式而已。

说得极端一点，"只要掌握了初中数学知识，就至少可以解决生活中一半以上的问题"。

高中数学中也存在有实际用处的知识，但它们怎么起作用呢？对一般人来说，可能在生活中根本就用不到。

我再重复一遍，您说初中数学就足够了？!

日本顶尖大学的顶尖教授，竟然跟我说了这样的话！真是太感动了！这让我又燃起了对生活的希望（感动到泪流满面）。

 把一切交给 AI（人工智能），就等于"被 AI 牵着鼻子走"？

好了，我们马上开始上数学课吧。

不不不，再等一下。

（真不干脆……）好，你说。

您刚才说的话我都理解，但是，如今的社会日新月异，像智能手机、无人驾驶汽车等 AI 技术，已经越来越发达了。

我怕将来我女儿上学学习数学的时候，她会对我说："这些东西，交给 AI 不就行了吗？爸爸你也太落伍了！"到时候，我该怎么回答她呢（哭）？

这是一个好问题。但是我认为，**即使到了 AI 可以替代人类工作的时代，我们人类也应该锻炼自己的思考体力。**

都有 AI 替我们工作了，我们还需要自己思考吗？

打个比方，你外出都有汽车代步，时间长了是不是腿脚就不如以前有力了？同样，我们自己不动脑思考的话，头脑也会变得迟钝。所以，**到了 AI 时代，我们更应该有意识地"学习"和"思考"，**给头脑施加一定的负荷，尤其是在年轻的时候。

就是说，如果不常动脑的话，人的思考体力就会逐渐减弱，对吧？

是啊。举个例子，有一款名为 Mathematica 的科学计算软件，使用起来非常方便。但是在我们东京大学里，学生上大三之前，是被禁止使用这款软件的。

哎？真的吗？那些骄傲的东京大学的学生会听吗？

东京大学的学生可是相当听话的（笑）。因为过早使用那些软件，会使人的思考体力，尤其是多段思考力减弱。

原来如此（我以为只是为了吓唬我呢）。

如果把学校的作业都交给 AI 来做的话，那学生的头脑不就慢慢退化了嘛。

那样的话，以后不仅会有"经济差异""阶层差异"，还要出现"思考体力差异"吧？

是啊。**什么也不想，把一切都交给电脑，还是把思考作为武器靠自己的头脑生活**，这将是不同人生的分界线。
说到底，AI 还是要靠人类编写程序，否则也没法运转。

成为 AI 使用者，还是被 AI 牵着鼻子走，我还是想成为前者！好啦，教授，咱们开始上课吧，请好好训练我的思考体力吧！

Nishinari
LABO

第 2 天

以最快的速度、
最短的路径
学习初中数学！

数学的世界
可以分成三部分

....

　　与埋头苦学相比，先设定好目标，可能更有效率。今天，我们先看看学数学要设定哪些目标。

⇨　**从大的方面说，数学可以分为"数和式""图像"和"图形"**

　好了，今天我们终于要进入正题了。首先，我要从全局来讲解一下数学这门学问。

　好，辛苦您了！学习的时候，不知道该往哪个方向用力，这会让我感觉心里没底（笑）。

　是啊。我先来整理一下数学这门学问的大框架。
　　从大的方面说，数学可以分为三个领域。

数学……

- 代数（algebra）= 数、式
- 分析（analysis）= 图像
- 几何（geometry）= 图形

可以分为左边三个领域。

哎？还分三个领域呢？这我以前都不知道（笑）。

"代数"，处理的是数和式。
"分析"，简单地说就是图像的世界。比如，在由 x 轴、y 轴构成的坐标系中画曲线。初中我们学的"函数"就属于这个领域。
最后是**"几何"，即图形**。
在小学数学中，对上述三个领域并没有明确的分界。但在初中数学中，各领域之间的界线开始逐渐清晰。到了高中，就要独立学习三个领域了。

啊！这我还是第一次听说！

一开始，人们为了测量，出现了"几何"；为了计算数目，出现了"代数"；后来才出现了"分析"。

　学数学的最强武器！拥有它们就可以万事无忧

听您这么一说，我感觉数学是从与人们的生活息息相关的形状、面积、立体图形等发展出来的。
也就是说，与图形相关的需求，促进了数学的诞生和发展。是这个意思吧？

至少我是这么认为的。
而且，**对于数学的各个领域，初中、高中都有明确的目标，学生应该在上学期间达到这些目标。**
具体目标请参见下页的图。

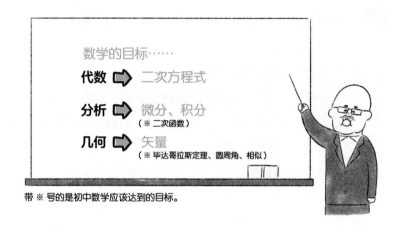

带 ※ 号的是初中数学应该达到的目标。

以上三个目标是过去的伟人为我们留下的最强武器。

 这些确实是初中、高中要学的知识。

 嗯。特别是**微分、积分**，我认为它们是人类创造出来的最高智慧（陶醉恍惚的表情）。

 这个……微积分应该超难的吧。教授……

 （根本没听见）要我说，只要掌握了这三个武器，你就会发现数学其实非常有趣。到那时，你就可以自由自在、游刃有余地解决各种问题了。

顺便说一句，在你来之前，我刚和一家厂商的产品研发人员聊了半天，和他讨论问题的时候，使用的都是初中水平的数学知识。

 是吗……还有这种事？

在跟那个人交流的时候，一开始我会在纸上画一些概略图，告诉他"大体上就是这个样子"。当讨论到"好嘞，就按这个方案做"的阶段，我才开始计算。不过最多也只是用到了二次函数。

看来只要学好初中数学，就能掌握相当强大的武器。

如果高中的微积分学不好，说到底还是因为初中的二次函数没有弄明白。矢量也是同样的道理。

如果二次函数或二次方程式没有学明白的话，学微积分和矢量的时候，一定会遇到瓶颈。

也就是说，只要扎扎实实地达到上述三个目标，你基本上就可以开始做各种数学研究了。大学的高等数学只是对中学数学进行了细分，进一步复杂化而已。今天我要重点强调的就是这三个目标！

目标已经明确了，而且只有三个。看来门槛也不是很高嘛。

 进入社会后，我们所需要的数学思考能力，靠初中数学就可以培养

我再说得明确一点，**我们在日常工作、生活中所需要的数学思考能力，靠初中数学就完全可以培养出来**。接下来我们就先达到这个目标。

唉……我能行吗（心神不宁、缺乏自信）？

没问题的。初中数学对你来说，只需要"超"短的时间就可以学习一遍。到时候，你已经找回了对数学的感觉，再学习高中数学，就简单多了！

如果数学一直学得一塌糊涂，也能跟着您很快学完初中数学吗？

 放心吧！我会把初中数学的重要知识点浓缩起来，只用五六个小时就能让你学完初中三年的数学知识。

正如我前面所说的，**有些人对数学感到头疼，第一是因为他们"没有弄清楚学数学的意思"，第二是因为他们"在没有明确目标的情况下就开始贸然学习了"。因此，他们会感觉数学的门槛很高。**

 从我自身的经历来看，确实如此。而且，硬着头皮学下去也是非常痛苦的（笑）。

 我这里有一本初一的数学教科书，看一眼目录你就会明白，课程设置就是把之前介绍的三个领域（＋其他）拆分成若干单元，一点一点教给孩子们。

● 初一数学教材所分的单元

代数

〈正负数〉
正数与负数
正负数的加减法
加减法混合运算
正负数的乘除法和乘方
四则混合运算、乘法分配律

〈整式〉
整式的表达式
代入整式的值
整式的计算（加减）
整式的计算（乘除）
圆周率
表示关系的整式

〈方程式〉
方程式的解法
各种方程式
比例式
方程式应用题的解法
速度
比例

分析

〈函数〉
函数
比例
反比例
坐标
比例的图像
反比例的图像

几何

〈平面图形〉
图形（用语和记号）
图形的移动
作图 1
作图 2

作图 3
圆与扇形
扇形的弧、面积

〈空间图形〉
平面与直线的位置关系
几何体的体积
几何体的表面积

其他

〈资料的整理〉
度分布
范围与代表值
近似值

※ 在实际的教科书中并没有这样的分类

啊，真的。这部分是"代数"，这里是"函数"，最后是"几何"。

嗯，教材大体上是按照这个顺序来编写的。不过只有教材编写者清楚，学生们却不知道。

如果老师不把教材的大框架跟学生讲清楚，只是按顺序一小节一小节地授课，同学们就会学得稀里糊涂，心中难免会产生疑惑，比如"学这一部分知识有什么用""我们学习这些知识，最终的目标在哪里"。

不知道原因，看不见终点，就像被绑架的人一样啊（笑）。

是啊（笑），所以孩子们在学数学时才会产生挫败感。

老师在教学生知识之前，应该先告诉学生数学的大目标。比如，"最终我们要达到的目标是×××，现在我们要学的内容，是向目标前进的第一步"。

如果人能随时确认自己所处的位置，那么他就会感到安心。如果不清楚自己身在何处，那么自然会焦虑不安。

确实如您所说。明确了数学的大框架之后，我也能理解各部分知识的顺序关系了。举个例子，虽然我感觉"图形"容易学一点，但也不能先学几何。

没错。如果没有代数（数和式）知识，分析和几何中的很多问题是解不出来的。

对于一些分析或几何的问题，你看过之后，可能有思路，"啊，这道题大体上应该这样解"。**但具体怎么解，还得用代数知识，才能得出最后的答案。**

"大体上、差不多"这样的意识，在学数学时，最要不得。

你也这么认为吧。所以，我们这回按代数（数和式）、分析（图像）、几何（图形）的顺序来重温初中数学。

 最短的路径，是从目标往回倒推

这次我们学的初中数学的目标是什么呢？

我这就给你详细讲一讲。首先，代数的目标是"二次方程式"。二次方程式超级重要，也可以说它是整个初中数学的大目标。为了达到这个目标，我们要学习"平方根""负数"等具体的知识点。

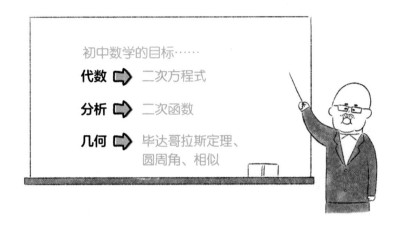

 噢，原来学平方根、负数是这个目的呀。目的和手段明确之后，就很容易理解了。

 分析的目标是"二次函数"，就是所谓的"抛物线"。不过，在初中数学中，涉及分析的知识比较少，只是延续小学学过的"比例、反比例"，从"比例、反比例"切入，到初三的时候才会学习简单的抛物线。

所以，关于初中数学中分析的讲解，一瞬间就结束了（笑）。

 谢天谢地！

 接下来是几何，关于初中几何，有三个要点："毕达哥拉斯定理""圆周角"和"相似"。

这三个知识点，在建筑中是一定会用到的。建筑设计师制作微缩模型的时候，利用的就是相似原理。如果不用毕达哥拉斯定理的话，就没法建造有直角的房子。

这三个知识点，和几何的最终目标——矢量——也密不可分，还有一部分与微积分有联系。

而且，在学习几何的过程中，也要用到二次方程式。可见，二次方程式有多么重要！

教授，您对二次方程式是不是太偏爱了（笑）？

我敢这么说，二次方程式是初中数学的顶点，是大 boss！掌握了二次方程式，就可以从初中数学毕业了！具体地讲，对于 $ax^2+bx+c=0$ 这个方程式，如果你能靠自己的力量求出 x 的值，你就算达到目标了。

原来如此。然后……还有分析中的"二次函数"，几何中的"毕达哥拉斯定理""圆周角""相似"等各个领域的大 boss。看起来，只要对付它们几个就行了。

总结得好！目标很明确，其实我们要打败的大 boss 就那么几个。除此之外，什么平方根、负数、乘法分配律之类的，只不过是打倒大 boss 所必需的"装备"罢了。

一下子感觉难度降低了很多，而且这样安排一点都不浪费时间和精力。

如果像初中老师那样一小节一小节地教学生数学知识，当然也有效果，但我们冷静地分析一下，能够按照这样的节奏学到最后的学生，多半是相当顺从而且有耐心的学生。

确实！缺乏耐心的孩子估计中途就烦了。

（笑）所以，我认为不管是为了激发学生的内在动力，还是为了加深学生对知识的理解，都应该在初一数学书的第一页就写一个二次方程式，然后明确宣布："这就是初中数学的大 boss，同学们要想办法在三年之内打败他！" **就像打游戏一样，得到了游戏攻略，就能以最短的路径通关了。**

 初中三年的数学教科书里，有用的内容其实只有五分之一？

不过，再怎么说，初中数学也要花三年时间来学啊！

不！不！不！用我的最短路径，根本用不了那么长时间！要是让我编写初中数学教材的话，我会把初一到初三的教材内容删减五分之四！这五分之四都是在解决类似的问题，完全是在浪费时间。不过说实话，我说了等于白说（小声）。

只不过是为了打倒大 boss 而收集装备，结果还需要花大量时间反复练习……

是啊。

另外，教材中还会出现一些难题、怪题，这都属于例外情况。

实际上，像我这种每天使用数学的人，那些例外情况，甚至两年才能遇到一次（笑）。

 难题、怪题对于数学的实际应用没什么帮助，对吧（笑）？先打好基础就对了。

 没错！

重要的是先教给学生达到最终目标的意义，至于达到目标的各种必要手段，之后老师教起来、学生学起来，都会轻松很多。

因为学生的头脑中已经有了数学的大框架，所以学习起来就容易很多！

我认为，这才是"以最快的速度、最短的路径学习数学的方法"。

东京大学的教授讲做菜

学习初中数学时体验到的超重要的思考方法

教会学生数学的意义和目标，再教会他们数学特有的技巧——"x"，学生的数学水平就能上一个台阶。

➡ **"不知为不知"的真正面目就是"x"**

 为了帮你进一步看清数学的全局，我还想讲一个重要话题。

 反正现在我没那么害怕数学了，您请便！

 看来你的热情挺高涨啊（满面笑容）！

我们穿越到远古时代看看。那个时候，我们的祖先想要测量某个物体的长度，有人就开始思考了，"我想测量它的长度，但是该怎么考虑测量的步骤呢？"也就是说，有人开始思考"思考的方法"了。结果有一天，他灵感闪现，心想："不知道它的长度……不知道也测不出来，那就暂时把它的长度设为 x 吧！"实际上，我认为正是这个 x，叩开了文明的大门。它给人类带来的影响不亚于工业革命和信息革命！

 教授，教授，停！跑题了！

哦，不好意思。说到兴奋之处，有点忘乎所以了（笑）。
总之，方程式中出现的 x，我认为它是人类了不起的发明。

有那么夸张吗？

单单看一个 x，我们还是没法知道它的具体数值。但诚实地承认"不知为不知"，把不知道的设为未知数，通过这个未知数，我们就可以发现它和周围一些要素的因果关系。**"何不通过这个因果关系来探寻答案？"**这是一个划时代的想法。

我来给你举个例子吧，你平时有没有"搞不清楚怎么回事，但就是特别困扰的问题"呢？什么都行。

老婆的脾气（想都不用想，张口就答）！

噢……这是一个永恒的难题！今天我来帮你解决它。
那么，你认为和你太太的脾气存在因果关系的要素有哪些呢？比如，"×××的时候脾气好""×××的时候脾气坏"。

嗯……我想想。说起来的话，"工作中的压力"和"食欲的满足程度"**对她情绪的影响很大**。这两个要素的影响程度基本上是一半对一半。

看来你太太是个很单纯的人啊（笑）。
来！我们试着给你太太的脾气列一个数学等式。
将未知的事项（未知数）设为 x，在这个题目中，"你太太的脾气"就是 x。

如果单独分析"你太太的脾气是好是坏"，根本就没法得出结果，我们姑且不去想它，把它设为 x。

然后我们用 x 来列一个等式。所谓的**"列等式"，其实是"思考再现性的模式"。**

你太太的脾气，可以用下列等式表示：

$$x= 工作中的压力 + 食欲的满足度$$

你觉得这个式子如何？

 啊！只要把 x 以外各要素的实际情况代入等式，就可以求出 x。比如，我可以问老婆"今天工作还顺利吗""今天午餐吃了什么"，如果这两个问题她的回答都是"不错"的话，我就可以判断"她今天的脾气应该很好"。

 对！虽然现实生活中并不能这么简单就猜出你太太的脾气，但利用 x 的思维方式，你是不是已经能理解了？**对于我们不知道的事项，将其设为 x，然后用 x 列出等式，再想方设法求出 x 就行了。**

 原来如此。x 是初中数学里学到的？

 是的。"把未知数设为 x"，是数学最基本的思维方式，我们第一次真正体会到 x 的魅力，应该是在初中。

"列出方程式，按部就班地解方程式，任何人都可以机械地给出答案"，但是实际上，我觉得这是一个了不起的、划时代的思考方式。而且，这也是代数这个领域的本质。

 但也有人在学到 x、y 的时候，就对数学失去了兴趣。

有这样的人。不过，我觉得他们没有理解 x 的意义。x 只不过是个象征符号罢了，它代表未知数。未知数可以用"甲""？""○"，甚至西成的"西"表示，用什么记号表示都可以，它其实是一种思维方式、一种解决问题的方法。

看到 x，把它理解成"不知道的事项"就行了。

至于用什么记号表示未知数，都无所谓。

⇨ 列出方程式，世界就变了！

嗯……不过，列方程式来解决问题，可并不是那么容易的事啊，尤其是对我们这些有心理阴影的人来说。

确实如你所说。

但是，"把不知道的事项设为 x"之后，你有没有感觉问题变得简单一点了？

承认"不知为不知"，把"不知"设为未知数，然后寻找未知数与已知数之间的关系和规则，这是解决问题的基本思维方式。

我听明白了，不要把焦点放在"未知数"上，而应该放在寻找"关系"上。

没错！

跟你透露一个小秘密，我创立了一个二次方程式，正在为这个方程式申请专利。

方程式的详细内容我先不讲，但只要使用这个方程式，就可以大大降低汽车的油耗，从而为改善地球环境做出贡献。

什么？您的思维也太跳跃了吧？这是说到哪儿了？

我的意思是，改善地球环境这种高层次的问题，实际上也可以通过二次方程式解决。只不过，创立这个二次方程式是非常困难的……

原来如此。
我的理解是，您创立了一个通用的二次方程式，只要汽车生产商把各种已知数据代入方程式，就可以自动得到节能减排的答案。是这样吧？

是的。之所以能实现这一点，就是因为运用了"把不知道的事项设为 x"这种思维方式。
只不过，当初我也没想到，最后推导出来的竟然只是一个二次方程式而已。

二次方程式，简直太神奇了！

这次只是以最短的时间帮你重学数学，但我的理想是，你以后能够在日常生活、工作中自己创立方程式，用方程式解决各种实际问题。

如果你能用方程式解决身边的问题，哪怕只有一次成功的体验，我保证你对数学的看法、对世界的看法，都会提升一个层次。

Nishinari
LABO

第 3 天

一下子掌握
初中数学的
顶点——
"二次
方程式"！

用数学
解决日常难题！

今天，我们来一起思考如何用数学解决现实中的问题。我选了一个课题——"在大门上为小猫设计一扇进出的小门"。最后看我们设计的小门，小猫会不会喜欢。

➡ **打倒初中数学的大 boss——"二次方程式"！**

 做好准备，今天我们将直达初中数学的顶点——"二次方程式"！

 啊?! 今天就要把代数部分全学完（咽口水的声音）?

 对学文科的朋友来说，代数可能是最头疼的部分。而二次方程式又是初中数学中最强的大 boss。如果把这个大 boss 打败了，初中数学基本上就可以通关了。

代数学好了，在后面的课程中，分析（函数）我就可以一带而过了，最后的几何，只要大体上画画图，你也基本能掌握。

主要问题就在于代数，代数属于抽象的世界，所以难度相对稍高一点。

 大 boss（想象中）……

➡ **为可爱的小猫列一个方程式**

好啦，我们马上进入实际操作阶段。

我一直强调数学是用来解决实际问题的学问，下面我们就来解决一个实际问题试试看。

今天的主角是小猫。

猫?!

对，假设你家养了一只可爱的小猫。

为了让这只小猫能够自由地来往于各个房间，要在各个房门上都开一扇供小猫出入的小门。在小门的上部安装合页，要让小门像秋千一样，从内侧和外侧都能开。

小猫: 给我设计专用门? 真是太好了! 喵!

你看! 小猫在用水灵灵的大眼睛望着你呢，不给它做门都不行了。

这……好吧。

这就是今天的课题。

对小猫来说，有小门可供进出，是个超级迫切又切实的愿望。

今天我们就用数学知识帮它实现愿望。

为可爱的小猫
制作专用小门！

在设计小门的时候，如果门太小，小猫过不去，那就白费力气了。但门如果太大，就会变得很重，小猫开门不方便，也不合适。所以，我们要先计算出最合适的小门的大小。

首先，是门的宽度，凭空想象的话，我也想不出来多宽合适，那就先搁置吧。

然后是高度，假设你认为"猫门的
高度应该是宽度的 2 倍左右"，另
外，在高度上，还要留出 5 cm 用
于安装。

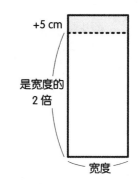

+5 cm

是宽度的
2 倍

宽度

也就是说，高度等于宽度的 2 倍，
再加上 5 cm。

对！
另外，你家还有装修时剩下的 600
块马赛克瓷砖，每块都是边长 1 cm
的正方形。你太太早就想处理掉那
堆瓷砖了，看到你要做猫门，她对
你说："把那堆马赛克都用了！"

碍事！

好的，我用（立即答应）！

给猫门贴上漂亮的马赛克，小猫说不定很喜欢呢。

也就是说，小门开口部分的面积应该是 $1 \, cm^2 \times 600 = 600 \, cm^2$。

小门的宽度，不明。于是，初中数学给我们的最强武器——"把不知道的事项设为 x"——就该登场了！

不过，估计有些"数学过敏症"的重度患者，看见 x 都要浑身不自在，所以在今天的课上，我用□来代替 x。所以，小门的宽度是□ cm。

而小门的高度是"宽度的 2 倍 +5 cm"，也就是（□+□+5）cm 或（2×□+5）cm。
长方形面积的计算公式，在小学就学过了，长方形的面积 = 长 × 宽。

于是，我们就可以列出下面的等式：

〈小猫专用门设计公式〉
□ × (2 × □ +5) =600
或
□ × (□ + □ +5) =600
→ 两个□

到目前为止，我们已经完成了**"列式"**这个步骤。

也就是说，使用"="，来梳理各个要素之间的关系。说白了，就是寻找等量关系，列出等式。

现实的问题是，为了方便小猫在家里行动，不得不在房间的门上开一个小门。如果放在以前，你处理这个问题时，会先想些什么？而现在列出一个方程式后，你对这个问题的想法是不是大不一样了呢？

怎么说呢？我感觉"应该思考的问题在梳理后变得简单了"。

漂亮！把现实的问题用数学方程式表示出来以后，多余的烦恼就自动消除了。

什么"我家的小猫世界第一可爱"啦，"在门上开洞，房东要骂我"之类的杂念，在上面那个方程式中完全反映不出来（笑）。

那么，□应该等于几，你猜出来了吗？

噢……这（浑身冒汗）……

也是。如果能猜对的话，还要数学干什么？

不过，在学二次方程式之前，我们不妨来猜猜看。

嗯……20 cm 如何？

如果是 20 cm 的话，20×（20+20+5）=900，

大了。那试试 15 cm，算出来的结果是 525 cm^2，

可惜，少了点。那再试试 17 cm，

这回算出来得 663 cm^2。

看来在猜对之前，我们还要试很多次……

实际上，这道题如果不用开平方，即平方根，是永远得不出答案的。

 在没有平方根的年代，遇到这样的问题，肯定有人恶狠狠地说："哼！我一定要算出来！"然后就一个数一个数地试（笑）。

 应该有那样的人吧（笑）。
但是，不知什么时候，有些敏锐的人注意到了什么……
"现在不是说'好可惜''除不尽'的时候！我们为什么不寻找一种可以一下子求出结果的方法呢？"

 结果，人类为这个方法烦恼了一千多年。

 是的。也就是说，人类花了一千多年才想出来的开平方的方法，我们现在可以随便使用了。

有了开平方的方法，前面那个式子就能被轻易地解开了。可爱的小猫也可以自由玩耍了。

于是，"什么乘什么，可以得到什么"的公式，逐渐出现在生活中的各种场合。
比如，"长 × 宽 = 面积""体重 × 人数 = 电梯载重量"等。

"什么乘什么，可以得到什么"，能够轻松地解开这样的方程式，就是初中代数的目标。

初一

代数的方便工具——
"负数"，一定要掌握！

数学始于解决现实中的问题。我们已经学会列方程式了。现在，我们还要学习一些方便的工具，它们可以让我们变得更强大。

➡ **将复杂算式变简单的"集团之术"**

为了解出之前列出的方程式，我们**必须再掌握一些代数世界中的方便工具，给自己升级**。毕竟我们最终的目标是要打败大boss。

先请你做一道题，

$$2 \times \square = 10$$

□应该等于几？

5（扬扬得意）！

对。2×5=10。这道题小学生都会做。甚至不用算 10÷2，就能得出答案。

为什么这道题不难？因为□只有一个。像这种，**只有一个□（未知数）的方程式，叫作一次方程式**。

突然感觉越来越"像"数学了，我有点紧张了……

 只是名字开始有点"专业"了，内容并不难。
这次给你出一道稍微有点难度的题，看这个式子，

$$2 \times \square + 4 = 10$$

 嗯……3。

 对！这道题，靠心算就能解出来。
通过这道题，有一个超级重要的要点希望你记住——把"2×□"看作一个集团。
我们不知道□的值，因此，□的2倍，我们同样不知道。我们姑且把"2×□"设为◎，就得到，

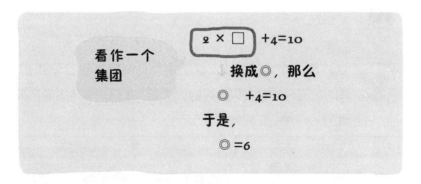

怎么样？一下子就变成加减法了。一眼就能看出◎的值是6。
只是到这里还没完，还得继续解，

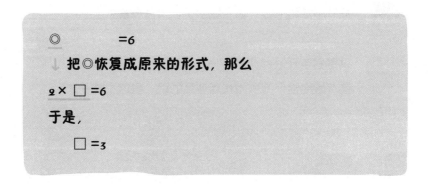

怎么样，是不是就变得像第一道题一样简单？再重复一遍，我想表达的重点是，要学会**把方程式的一部分看作一个集团**。能听明白吗？

　能明白！

　到这里，初一数学的半年课程就学完了。

　好快！

　这只是一次方程式啊，这么简单的东西却要让学生们学半年时间……五分钟就可以学会的。下面，我们来看一下变形版本。在下面的式 A 中，□应该等于几？

〈式 A〉　2 × □ + □ = 9

嗯……3?

 答对了。在式 A 中，有两个□，那这是几次方程式?

 有两个□，当然是二次方程式啦（又一脸得意）。

 非常遗憾，式 A 是一次方程式。
你上当了，哈哈。
请仔细看这个式子的左边。

$$2 \times \square \quad + \quad \square = 9$$
$$\downarrow \qquad\qquad \downarrow$$
$$\textbf{两个□} \qquad \textbf{一个□}$$

看，两个□加一个□，意味着什么?

 嗯……啊，对了，就是三个□啊!

 对啊。首先，方程式的次数是指未知数的最高次数，你看见前面有两个□，就把它当作二次方程式，这是大错特错。不管有几个□，它都是一次的啊。
实际上，式 A 的左边，共有三个□，换一种形式的话，可以写作"3× □"，没问题吧?

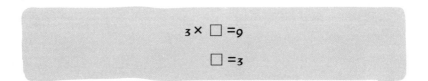
$$3 \times \square = 9$$
$$\square = 3$$

是不是一下子就变得超级简单了？

由此可见，式 A 只是处于一种分解状态，是用来迷惑你们的。

只要把□的个数加起来就行了。

对。我们再来看一道变形的例题。

$$100 \times \square + 7 \times \square \rightarrow 107 \times \square$$

$$\downarrow \qquad\qquad \downarrow \qquad\qquad \downarrow$$

$$100 \text{ 个}\square \qquad 7 \text{ 个}\square \qquad 107 \text{ 个}\square$$

顺便说一下，前面的式 A，如果换成下面的样子，你是不是就不容易被迷惑了？

$$2 \times \square + 1 \times \square$$

$$\downarrow \textbf{1 可以省略}$$

$$2 \times \square + \square$$

原来如此。

到这里，初一代数前十个月的内容你已经学完了（笑）。

什么？您不是在开玩笑吧？！

 现实中并不存在的"负数"，对现实世界真的有用吗？

 不过，虽然是一次方程式，但出现了好几个□，我就弄不明白了。

 放心，后面还会介绍二次方程式，到时候我会对比着讲解。还有一个重要的概念需要你了解，我再给你出一道题。下面的等式中，□应该等于几？

$$2 \times \square + 10 = 0$$

 嗯……-5 吧？

 正确。对成年人来说，这样的题一下子就能解出来。**但对小学生来说，因为他们没学过负数的概念，所以肯定会说："这题没有答案。"**

 小学生会说"没有答案"吗？

 是啊。但是如果"没有答案"是最终的答案，我们在现实中遇到的问题就没法解决了。

遇到这样的问题，小学生就像被关在房间里的小猫……不过，古时候有头脑聪明的人，创造了"负数"的概念。

在现实世界中，**一想到比 0 小的数，我们可能会想到欠别人钱、温度低于 0 ℃等情况。也就是说，负数在社会生活中的应用是很广泛的**。另外，没有负数的话，二次方程式就没法解。所以，负数的概念真是一个 革命性的创造。

哇！那么厉害？！

嗯，不过从整个数学的发展史来看，负数只是为了让事情合乎情理而被创造出来的。

如果列出了方程式，但"没有答案"的话，那么问题就得不到解决。于是，为了应对这种情况，一些头脑聪明的人就开始思考："有没有一种数，数值越大表示的数量越少呢？"

这跟猜谜语差不多？

是的。不过，正是因为有些人愿意思考这样的谜语，负数的概念才能被创造出来。

我上初中学负数的时候，就感到非常困惑，难以理解……

被负数搞昏头脑的学生还不在少数呢，毕竟现实中没有负数的东西存在。

举个例子："A 君有 2 个苹果，这时 B 君来了，他从 A 君那里拿走 3 个苹果，请问 A 君还剩几个苹果？"现实中会有人问出这样的问题吗？

A 君一共只有 2 个苹果嘛！

是啊（笑）。但有了负数的概念之后，我们可以这样认为，"A君手头的2个苹果都被B君拿走，同时A君还欠B君1个苹果"。**这种思考方式的复杂程度就上了一个台阶。**

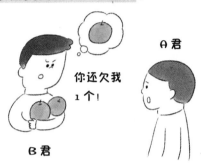

像这样，对现实中不存在的事物进行思考、计算，叫作"抽象化"。这就是数学了不起的一面，也是困难的一面。

⇨ "减号"和"负号"是两回事

 在这里我要补充一下，**一个数字前面加一个"−"，这个符号并不是小学生熟悉的减号，而是表示负数的"负号"。**有点烦琐，但还是要牢记。例如−5，5前面的"−"（负号），表示这个数是负数。

敲黑板，画重点！

"减号"和"负号"是两回事

$5 − 5 = 0$

↑ 这是减法的减号

$5 + (−5) = 0$

↑ 这是负数的负号

-5 所表示的，可能是"5 元钱的欠款"或"-5 ℃"等。

 就是说，这里的"-"表示"负数"。

 嗯，在这里，"-"是负数的象征、符号。而我们在小学毕业之前，见到的数字都是"正数"，其实正数前面也应该有符号的。

例如，100 这个数字，本来应该用"+100"来表示的。但在小学阶段，**怕出现的符号太多，把孩子们搞晕，正数前面的"+"就被省略了。**

敲黑板，**画重点!**

"正数"的"+"，通常被省略了

　　5

这样一个数字，实际上表示

　　+5

 所以，在报税单等文件中，正数的话，就用数字表示，不用加"+"，但负数的话，就会加一个"▲"来表示。

 嗯，一个道理。

只给负数带上符号加以识别，省略正数的符号，这是数学世界中一个约定俗成的规则。

➡️ **再次解读"集团之术"的魔力！**

 把正数 5 和负数 –5 相加的时候，该怎么写呢？反正不能写成"5+–5"。

 嗯，确实。如果这样写的话，就不知道该加还是该减了。

 所以，当负数的前面还有某种符号的时候，就要给负数加一个（　），这样就能更加清晰易懂了。那么，5 加 –5 就应该写成"5+（–5）"。

 咦？这样写，感觉有点眼熟呢！啊，对了，和前面讲过的"集团"有点像。

 敏锐！看到被括号括起来的数，只要把它当作一个集团就行了。
看作一个集团之后，"–"就不会被理解成减号了，它肯定是负号。

 但是，实际计算的时候……

 当减法计算。5+（–5）相当于 5-5，答案是 0。
如果是 5+（–8）的话，就相当于 5-8，结果是 –3。
为什么这里要当减法算？这个问题我们拿飞行棋来举例就容易理解了。
你玩过飞行棋吧？起点为 0，轮到你掷骰子的时候，你掷出了 5，那么就前进 5 格。在第 5 格，你抽到一张任务卡，卡上写着"倒退 5 格"。
在头脑中，你会按照 5-5 来计算吧。

嗯，确实如此！对了，也会出现减负数的情况啊。

当然有，比如 5-（-5）。乍看上去，可能有点晕，但实际上也没什么难的。

"减负数"这简直是"谜一样"的行为，减去一个负数，到底意味着什么呢？但不用纠结太多，你只要记住"减负数就等于加正数"这个简单规则就行了。

记住这个规则很容易，但为什么会有这样的规则呢？

还拿飞行棋举例，假设现在你在第 5 格，然后抽到一张任务卡，卡上写着"倒退 -5 格"。

如果说"倒退 5 格"，可能没有任何歧义，直接退回到起点就好了，可是"倒退 -5 格"是什么意思呢？其实就等同于"前进 5 格"。

结果，5-（-5）就可以变形为 5+5，答案是前进到第 10 格。

噢……我好像懂了，又好像没懂。

如果你觉得难懂，那就 请在头脑中默念一遍："**这就是学习数学这门 '语言' 的基础语法。**"

减负数就等于加法，先机械地记住这个规则就行了。同时，心中想着飞行棋的玩法。

敲黑板，画重点！〈负数的减法〉

减去一个负数，如 1－（－1），就可以把它变成加法，于是得到 1+1。

根据这个规则，我们再回头看之前的问题（第 77 页），

即 2× □ +10=0 这个方程式。

"2× □"，我们可以把它看作一个集团，并将其置换成◎。

$$2 \times \square + 10 = 0$$

置换成◎，便得到

$$◎ + 10 = 0$$

于是……

$$◎ = -10$$

将◎还原为 2× □，得到

$$2 \times \square = -10$$

于是，可以得到答案：

$$\square = -5$$

对于 2× □ =-10 这个式子，我们姑且排除其中的正负号，就得到
2× □ =10。

这不就是最初那个简单的乘法算式了吗？

是的。通过这个式子，我们大体上知道"应该等于 5"。

这种做题方法虽然有点牵强，但**只看数字找线索，最后再考虑正负号，就能使带有负数的计算题，变得简单了。**
最后，也能熟练掌握对正负号的运用。

嗯，明白了。

到这里，初一的代数知识就全学完了。
一次方程式已经被完全解决！

敲黑板 画重点！

一次式，也叫"一次方程式"；
二次式，也叫"二次方程式"。

专栏

我的"理科"逸事，太阳落山了

我的"文科"逸事，九九乘法表

"负数乘法"与"平方根"是打败大 boss 的武器

第3天　第**3**小时

大 boss"二次方程式"终于要登场了。要想打败大 boss，我们必须掌握"负数乘法"和"平方根"两个武器。

➡ **二次方程式的"二次"是"乘的次数"**

可爱的小猫还等着我们给它做小门呢，我们得抓紧学习呀。
接下来要学习二次方程式了。一转眼就上初二了。

开始变难了……

不会，只是□增加到了两个而已。
我们先从最简单的二次方程式学起。

$$□ × □ = 4$$

一个数乘它自己得 4。换句话说，就是同一个数乘两次得 4。你怎么想？

这次是乘法呀……我觉得这道题的答案是 2。

确实，2×2=4。

你很敏锐地注意到了这道题是"乘法"。我们前面学过"□＋□"，如果改变一下形式的话，可以变成"2×□"，其中只有一个□，所以它是一次方程式。而这次，乘法是关键点。"□×□"就没法像"□＋□=2×□"那样变形了。

像这样，没法再进一步变形，而有两个□的方程式，就是二次方程式。

？……没法再进一步变形了？

"□×5"这样的乘法算式，表示的是"5个□相加"，所以可以用"□＋□＋□＋□＋□"这样的加法算式来表示。

由此可见，**实际上乘法的本来面目是加法**。

但对于"□×□"的情况，我们同样可以用"□＋□＋□＋□＋□＋……"这样的加法算式来表示。可是，我们虽然知道连续加的次数是"□次"，但具体加几次还是不清楚。

所以，"□×□"没法用具体的加法算式来表示。

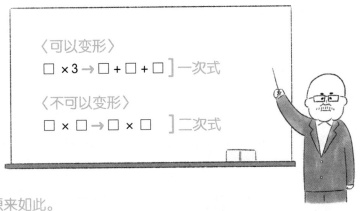

〈可以变形〉
□×3 → □＋□＋□　]一次式

〈不可以变形〉
□×□ → □×□　]二次式

原来如此。

对于"□×□"，不管我们多么努力地把它变形，最后，只能是两个□相乘。这就叫作二次式。如果在一个式子中，既有二次式的集团，又有一次式的集团，那么我们就按照次数高的集团的次数来称呼整个式子。举例来说，"□×□+3×□"就是二次式，而单独的"3×□"就是一次式。

两个未知数相乘，式子的次数就是二次。

好了，到这里，初二的代数也基本学完了。

什么……这就学完了？还不到三页呢（笑）。

但是，只要你理解了二次方程式到底是什么东西，求解就不成问题了。

敲黑板 **画重点！**

一次、二次……叫作"次数"。
未知数（在这里我用□表示未知数，但在实际情况下，多用 x、y、a、b、c 等字母来表示）相乘一次的话，就是一次式；
相乘两次的话，就是二次式；相乘三次的话，就是三次式……

例如，3a×a+b+5 → 没有和未知数相乘，所以是零次

b 乘了一次，所以是一次式

a 相乘了两次，所以是二次式

⇨ "两个负数相乘得正数（负负得正）"——谜一般的规则

 但是，像"□ × □ =4"这样的题，有一个很大的陷阱，为了不落入陷阱，我们千万要小心。

这道题刚才你给出的答案是 2，是吧？而实际上，-2 也是它的一个解。

（-2）×（-2）也等于 4，对不对？

 对啊，我怎么没想到。

 初中生是难以明白其中的道理的。只要记住**"负数乘负数等于正数"，即"负负得正"**就行了。

你在网上搜索一下就会发现，有很多人在网上问："为什么负负得正啊？"但是，在网上能把这个问题回答清楚的人没有几个，他们给出的解释大多不着边际。

比如，有人回答说："因为否定之否定就是肯定。"也有人说："看到自己讨厌的人遭遇不幸，我当然开心啦。"（笑）……

 那教授您的解释呢？我想听听。

 因为"负负得正"是数学中的一个公理（斩钉截铁地）。

 教授，您拿公理来搪塞我？

 不，事实就是如此。

必须把"负负得正"设为一个公理，否则数学就要出大问题了。

如果不把"负负得正"设为公理的话，那么把负数引入数学世界的时候，就会发生矛盾。

矛盾？

嗯。

虽说在数学中，可以自由添加新的符号或规则，但前提是不能和现有的产生矛盾。

我可以证明"如果不把'负负得正'设为公理，就会产生矛盾"。

啊，您可以证明？

可以。不信我证明给你看。

（※ 能够理解"负数 × 负数 = 正数"这一公理的朋友，可以跳过下面这段）

例如，1-1=0······①

正如我在第 81 页中讲过的那样，等式①还可以变形为：

1+（-1）=0······②

接下来，我在等式②的等号两边同时乘 -1，得到等式③

左右同时乘 -1 这种谜一般的操作，只是为了证明，现阶段你不用纠结这么做的意义。

根据等式的性质，在等号两边同时乘相同的数，等量关系保持不变。

下面就是我对刚才一系列操作的总结：

〈证明：负数 × 负数 = 正数〉

等式① 1 − 1 = 0

↓ −1 的部分变形为 + (−1)

等式② 1 + (−1) = 0

根据等式的性质，在等号两边同时乘相同的数，

等量关系保持不变，我在等号两边同时乘 (−1)

等式③ (−1) × [1 + (−1)] = (−1) × 0

在等式③的左边，我把"1+ (−1)"当作一个集团，用中括号括起来了。

因为任何数乘 0 都得 0，所以等号右边就是 0。

等式④ (−1) × [1 + (−1)] = 0

等式④的左边，就是 −1 与集团"1+ (−1)"相乘。

➡ 掌握强力武器——"乘法分配律"

 等式④是乘法，很复杂呀，我开始有点晕了……

 为了给你解释像等式④这样的乘法算式，我先给你举一个简单一点的例子。

例如，3×（2+1）。

$$3 \times \underline{(2+1)}$$
↓ 就等于 3 啊
$$3 \times \quad 3$$

所以，答案是 9。

但是，你注意到没有？ 9 还等于 3×2 加上 3×1。

 ？？？

 这就是初二要学习的乘法分配律。

运用乘法分配律，前面的算式可以变形为如下形式：

$$3 \times (2+1)$$
$$= 3 \times (2+1) \quad 乘$$
$$乘$$
$$= (3 \times 2) + (3 \times 1)$$

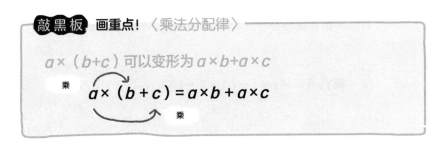

敲黑板 **画重点！** 〈乘法分配律〉

$a \times (b+c)$ 可以变形为 $a \times b + a \times c$

$$a \times (b + c) = a \times b + a \times c$$

那我问一下，括号里如果不止两个数相加，而是三个、四个甚至更多，也可以这样分别乘吗？

可以的。**在今后的学习中，我们还会多次用到乘法分配律，所以一定要好好掌握它。**

接下来，我们再回到第 91 页的证明题。通过一系列变形，我们得到了等式④。

对于等式④的左边，我们可以利用刚才学的乘法分配律加以变形，结果就得到：

等式④ $(-1) \times [1 + (-1)] = 0$

↓ **利用乘法分配律加以变形……**

乘

$(-1) \times [1 + (-1)] = 0$

↓ 乘

$\underset{a}{\underline{(-1) \times 1}} + \underset{b}{\underline{(-1) \times (-1)}} = 0$

我们来看 a 部分，$(-1) \times 1$ 答案是 -1。因为任何数乘 1，都得它本身，这是数学中的一个基本规则。

我们算出 a 部分等于 -1，那么就可以得到如下等式：

等式⑤　$\underset{b}{-1+\underline{(-1)\times(-1)}}=0$

啊，b 部分就是负数乘负数！

被你发现了！假设我们不知道 b 部分的答案，把它看作一个集团，用□来表示这个集团，可以得到如下等式：

等式⑥　$-1+$ □ $=0$

　　　　　　　↑ □只能等于 1

$-1+$ □ $= 0$，要使这个等式成立，□只能等于 1。

而这个□原来的样子就是 b 部分，即（-1）×（-1），于是……

□ $=$（-1）×（-1）

从等式⑥我们得出□ $=1$，

所以，（-1）×（-1）$=1$ 成立。

这也就证明了，如果负数乘负数不得正数的话，数学就会出乱子了。

嗯！这下我就完全明白了！

嗯。这个证明，是我迄今为止见过的证明中，最令人信服的一个。

不过说实话，这个证明过程的理论性很强，而且有点绕脑子。

但是，通过我的证明，你是不是觉得"确实是这个道理，我也得服从它"？

"背负巨额债务的人遭遇了车祸，因为保险公司会赔偿他一笔保险金，所以他反而感觉自己很幸运"，网上还有人这样解释"负负得正"。你是不是觉得我的证明比这些解释更有说服力（笑）？

而且实际上，数学这门学问能够不断发展，我认为其中的一个原动力就是人们"想要消除矛盾"的欲望。

如果一个工具自身存在矛盾的话，它就不能成为解决数学问题的万能工具。

➡ **像记忆英语语法一样记忆"公理"**

确实……仔细想一想，现在我们都知道（-1）×0=0，但为什么等于0呢？可能很少有人细想，大家都只知道任何数乘0都等于0。

这也是为了消除矛盾而设定的"公理"。

在数学公理中，"任何数乘1都得它本身""任何数乘0都得0"，就是站在数学世界的巅峰、俯视一切的最高公理。

"负负得正"这个公理，我感觉比前两个例子要稍微低一级……

公理还有等级之分？啊……对了！"×0""×1"这样的性质如果定不下来，那您也就没法证明之前那个命题。可以说它们是大前提。

没错。

"负数乘正数得负数"这也是公理吧？好像初中学过。

你记得很清楚嘛。
（-3）×4=-12，4×（-6）=-24。

敲黑板 画重点！

负数 × 负数 = 正数
负数 × 正数 = 负数

但是，心中怀着"为什么？"的意识，是非常重要的。就像教授前面说的，这也是思考体力中的质疑力，对吧？

当然。**探究本质的态度是非常重要的。**
不过，我会说"这本身就是公理"之类的话，意思就是让大家像记忆英语语法那样记忆这些公理。现阶段，没有必要去探究它为什么是公理。恐怕没有人会对语言的语法感到不满吧？因为那是人类语言长期发展过程中积累下来的规则，已经变得"约定俗成"了。
而且，掌握公理是学习数学的前提。这些前提的背后原因，日后都会逐渐学到。

但是，过分质疑前提，会不会不太好？

怎么说呢，现在小学、初中、高中的算术、数学课程体系，都经历了各种各样的质疑，可以说已经是经过完善、进化的"完成形"了。

那也就是说，可以完全信任现在的数学书？

对。虽说关于教学方法，还存在一定的改善空间，但就教材内容的逻辑性来说，已经接近完美了。

我认为"数学教材是前人帮我们整理出来的，非常便利的工具"，对吧，能够使用这种工具，是我们的荣幸。

嗯，没错，你的想法很好。小学、初中、高中的算术、数学，就是"巨人的肩膀"，我们可以安心地站在上面眺望远方，而且应该积极主动地站在上面。

也就是说，我们没有必要自己去钻研那些公理、前提，直接拿来使用就可以了。我突然感觉卸下了肩上的重担，轻松了很多……

那真是太好了！

"平方根"的诞生

　理解了负数的概念之后，我再给你出一道题。

$$\square \times \square = 3$$

之前给你出过类似的题，等号右边是 4，结果你马上给出了答案。
但现在这道题呢？你是不是有点束手无策？

　1.5 左右？

　哦，你还努力猜啊。1.5×1.5=2.25，和 3 还差不少呢。但要照你
这样猜下去，估计一辈子也猜不出来。
实际上，这道题的答案是 1.7320508……

　什么？您都背下来了？

　怎么可能！我也只能记住小数点后的这几位而已（笑）。
像这种无限又不循环的小数，叫作"无理数"。

　不讲道理、没有规律的小数……

对，就是这个感觉（笑）。

刚才那道题，如果把等号右边换成 2、3、5，那么求出的答案就都是无理数。

□ × □ =2 的话，□就是 1.4142135……

□ × □ =5 的话，□就是 2.2360679……

都是无穷无尽的小数啊……

是啊，无限的。

不管怎么想、怎么算，答案都是无限小数。于是，又有人开始思考了，"对于这类问题的答案，有没有数学的方法可以表示它呢？"

结果，"$\sqrt{}$（根号）"这个符号就被发明出来了。那么□ × □ =3 这道题就有答案了。

$$\sqrt{3} \times \sqrt{3} = 3$$

是不是有一种感觉，只要有解不出来的数学问题，就可以根据自己的需要，用非常抽象的"符号"，人工创造出一种表示方法？

即使你想不通，弄不清其中的原理，也只能这样用。

这是不是平方根？

对。

所谓"平方"，即"二次方"，是指一个数和自己相乘的结果。

那平方根的"根"又是什么意思呢？英语中好像叫 root，就是"根部"的意思，看来二者确实有点关系。

你很敏锐！实际上，根号在英语中叫作 radical sign，radical 就有"根源"的意思，拉丁语中叫作 radix。

哇——！您还会这么多门外语？

哪里哪里。在当前情况下，"根"就是"解"的意思。假设一个谜一般的数字和自己相乘得 5，那么我们就把那个谜一般的数字称为"5 的平方根"。

另外，根号上边的那条横线可以任意延长，根号下面的数字有多长，上面的横线就有多长，它要把下面的数字都盖住。

那是不是说，根号下面放任何数都可以？

当然可以。把很长的数式放在根号下也没问题，而且，根号下还可以有根号呢。

哇——！

对了，你好像是文学系毕业的吧？

（咦？教授怎么突然问这个？）是的，文学系哲学专业……

噢，那太巧了！根号上边的那条横线，据说是笛卡儿发明的。

是吗? 笛卡儿可是西方现代哲学的奠基人啊,他在数学方面的成就也很高。

笛卡儿 [法]
(1596—1650)

 没错,关于笛卡儿的问题我们先放一放。现在重要的是你要记住,**平方根在数学中也是人为规定的,和负数的概念一样,你只要牢记它的性质就行了**,没必要探究它的原理。

 好! 我全盘接受!

 (笑) 如果你能接受的话,初二的数学基本上就学完了。

 这么快 (笑容满面)!

 不过,前面那道题□ × □ =3,不止 $\sqrt{3}$ 一个解,同样,$-\sqrt{3}$ 也是它的解,这一点一定不能忘记。

 啊! 您不提醒的话,我还真没想起来 (笑)。

 因为有"负负得正"这个公理在,所以前面那道题的答案就有两个。

你是不是已经发现了什么? 我在等你问我:"是不是二次方程式,通常情况下都有两个解啊?"

 说实话,我还真没发现。

方便的工具，拿来就用，一步步朝终点挺进

好吧，我们再来做一些平方根的练习题。

啊——（发愁）？

别一脸那样的表情嘛。先看看下面这道题。

$$2 \times \square \times \square + 1 = 6$$

这也是个二次方程式。

有两个□，没办法再进一步简化变形了。

呜……我放弃！

别急嘛，也没让你用心算马上说出答案来，我们一步一步地分析。

首先，请你回想之前学过的"集团"。

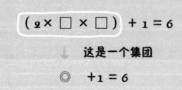
$$(2 \times \square \times \square) + 1 = 6$$
↓　这是一个集团
◎　　+ 1 = 6

这样一来，不就简单很多了吗？

确实。

 到这一步，请你回想一下初中数学学过的 "移项"。

敲 黑 板， **画重点！**〈移项〉

把等号一侧的数字或整式，移动到等号另一侧的时候，要改变运算符号。

比如，移项之后，加号要变成减号，减号要变成加号。

这也算是一个人为规定，你按照这个规则去做就行了。

于是，前面的方程式可以这样变形：

$$◎ + 1 = 6$$

把 +1 移到等号右边，就变成了 −1

$$◎ = 6 - 1$$

$$◎ = 5$$

 啊，明白了。

我们再回到原题。

◎所代表的是"2×□×□"，还原之后就得到：

$$2 \times \square \times \square = 5$$

2 有点碍事……要不然，我们在等号两边同时除以 2，如何？

不错嘛！保持这个思路。

$$(2 \times \square \times \square) \div 2 = 5 \div 2$$

结果得到，

$$\square \times \square = \frac{5}{2}$$

一看不能整除，可能有朋友就会觉得麻烦了。但实际上，我是故意选了一个不能整除的数来"难为"大家。

能整除当然很简单，但不能整除的话，我们直接用分数表示就行了。

用小数 2.5 表示也可以吗？

当然可以。不过，这里没有必要换算成小数。

省一步计算，不是更轻松吗？而且又能减少出错的机会。

确实如此！您这么一说，我突然觉得分数是个很好用的东西。

你发现了吧。举个例子，假设把一根 10 cm 长的小棒分成相等的 3 段，每段的长度是多少？如果没有分数的话，这道题的答案就是 3.33333…… cm，无限循环下去。是不是感觉很麻烦？

如果用分数表示的话，就是 $\frac{10}{3}$ cm，这样就清楚多了。

嗯。一遇到解决不了或麻烦的问题，就抛出一个"人为规定"，这也太狡猾了吧（笑）？

嘿嘿

人为规定

嘿嘿……就是这么回事。
这正是我想告诉大家的一个窍门。

如果掌握了这个窍门，**在数学中学习新知识的时候，就会感觉门槛降低了很多。**

我似乎明白了一点，就是要学会变通，在有些情况下，不必刨根问底。

是啊。我举个例子，假设你和几个朋友一起玩飞行棋，其中一个朋友抽到了一种倒退卡，结果他抱怨说："为什么抽到倒退卡，就得倒退呀？"你说你会是什么感受？

哇！我绝对不想和这样的人一起玩飞行棋（笑）。

数学也是一种游戏。

虽然数学的最终目标是解决某个问题，但在解题的过程中，就像玩游戏一样，要用到很多人为规定，也要遵守一些规则。

您说玩游戏，我就能理解了。解数学题就是打败 boss 的游戏。

对。有很多人见到数学符号就头晕。其实，正是这些数学符号，蕴含了强大的数学力量。可以说，这些数学符号是成千上万人努力思考的结果（笑）。

噢！使用这些符号就是站在成千上万个巨人的肩膀上，对吧？

没错。好了，我们回到题目上来。

$$\square \times \square = \frac{5}{2}$$

□是多少呢？

是不是 $\sqrt{\dfrac{5}{2}}$（咽了一口口水）？

正确！

嗯。但是，给出这个满是符号的答案，真的好吗？
我总感觉有点别扭……

从数学的角度来看，你已经"解开"了这道题。
你会感到别扭，是因为那个满是符号的答案有点不太接地气，还没有落实到现实中。

因为尺子上并没有 $\sqrt{\dfrac{5}{2}}$ 这样的刻度，至于这个数大体上有多大，我完全想象不出来。

你可以使用电子计算器算一算呀。

啊？用电子计算器？会不会太偷懒了？

不会。
在数学中，遇到那些怎么想也想不明白，或除不尽的麻烦数字时，我们可以引入假想的符号，这样就可以进行暂时的简化处理。但最后麻烦的计算，还是交给计算器吧。这没有什么丢人的。
所以，该偷的懒，还是要偷。

噢，原来如此……站在巨人的肩膀上，再借助科技的力量，感觉数学并没有那么难嘛。
说到这儿，圆周率（π）就应该按照这个过程来求。

好了，我们赶快用电子计算器来算一算吧。
你有智能手机吧？

 有。

 点开计算器应用程序，然后把手机横过来，让画面横向显示。

 咦？横过来之后，计算器的按钮多了很多呀！

 这叫科学计算器，平方根什么的，一下子就能算出来。先输入
$5÷2$，再点"$\sqrt{\ }$"键。

点这里！

 哇！结果出来啦！
1.58113883008419……

 这就是答案。如果把这个数放在现实生活中，我们知道它大体上接
近 1.6。掌握到这个程度就够了。
至此，初二的数学你也学完了。

学校的数学教学即将发生大变化！

你知道吗？在未来的数年内，初中、高中的数学教科书将发生很大的变化。尤其是高中数学，甚至将发生结构性的变化。

未来的教学内容，将以"能够在现实社会中应用的数学"为主，这也是我在第一天教你的时候特别强调的一点。

本来，数学诞生在这个世界上，就是要成为解决实际问题的工具。所以，对于中学数学教材的改革，我感觉是要回归数学的原点。

实际上，早在二十年前，我就呼吁社会各方，希望让中学数学"更倾向于实际应用"。我还认为，"当前的数学教学方式，只会制造更多讨厌数学的人"。

看看现在中学数学的课程体系，你就会发现，学校老师教的内容，虽然是一个"抽象而美丽的数学世界"，但离现实越来越远。

造成这种现状的始作俑者，我认为是20世纪初德国数学界的顶尖人物——希尔伯特博士。他当时宣称："数学应该抽象化。"

不可否认，追求纯粹的数学理论，也是数学发展的一种需要。但从希尔伯特博士倡导"数学抽象化"开始，数学就开始逐渐脱离现实社会，超抽象化路线成为主流。

结果，对一般人来说，数学教科书变得越来越无聊，很多学生被数学折磨得"体无完肤"。于是，最近日本的文部省开始反思，"数学这样教下去，对现实世界好像没什么用处"。所以，修改中学数学教材也被提上了议事日程，不过未来要走的路还很长。

我是大力支持"修改数学教科书"的一派，所以，我也正在参与为下一代编写数学教科书的工作。

第 **4** 小时

初三

透彻理解"偏差"，
横扫初中数学大 boss！

在解一元二次方程式的时候，初中阶段我们常会使用"分解因式法""公式法"或"配平方法"。但这些方法复杂难懂，很多学生被搞得晕头转向。在这里，我要教大家解一元二次方程式的最强技巧，几乎不用上述那些方法。

⇨ **"双偏差"和"单偏差"的法则**

初中数学终于要进入最后阶段了。

现在你已经是初三学生了，感觉青春一转眼就要结束了（笑）。

我们在第三小时的授课中，掌握了"负数乘法"和"平方根"两个武器，你已经能够解"□ × □ =3"或"□ × □ =4"这样的二次方程式了。

上述两个方程式的解分别是……

$\sqrt{3}$ 和 $-\sqrt{3}$，2 和 -2 !

不错不错。
接下来我再给你出两道题。

$$① \quad \boxed{} \times (\boxed{} + 1) = 4$$

和□有点偏差

$$② \quad (\boxed{} + 2) \times (\boxed{} + 1) = 4$$

和□有点偏差　　和□有点偏差

在①和②两个方程式中，□都进行了加法，分别把它们看作一个集团的话，每个集团的值都和□有点偏差，这就是这节课的要点。另外，在方程式①中，只有一个□发生了偏差；方程式②中，两个□都发生了偏差。我把方程式①的情况称为"**单偏差**"，方程式②的情况称为"**双偏差**"。

偏差？这是正经的数学用语吗？

不，这是世界首创，是我刚才突然想到的说法（笑）。
两个方程式等号右边都是 4，你知道解法吗？

唉——

只能望洋兴叹了吧（笑）？尤其是方程式②中的双偏差，可能对你来说相当头疼。实际上……这就是初中数学的大 boss。

这个家伙

哇！终于出现啦！

那我们就试着来实际操作一下。先来解单偏差的方程式①
□ × (□ +1) = 4，是不是有点眼熟？

啊，是不是用**乘法分配律**（请参见第93页）来解？

厉害呀！我们分配一下试试看。

〈解单偏差方程式〉

□ × (□ + 1) = 4

—— **按照乘法分配律进行分配相乘**

□ × □ + □ × 1 = 4

□ × □ + □   = 4 ············①

能看懂吧？这就是单偏差方程式的变形。

我们先把单偏差方程式放在一边，再来看双偏差方程式。

〈解双偏差方程式〉

(□ +2) × (□ +1) = 4

对数学很敏锐的人可能已经隐隐约约地意识到："**双偏差，是不是
也能用乘法分配律呢？**"
怎么样？你看出来了吗？

没有。一点也没看出来（流汗）……

其实关键点就在于说过多次的"集团"。

啊，原来如此。如果把"□+2"看作一个集团的话……

对！把"□+1"看作一个集团也可以，但我们姑且把"□+2"当作一个集团吧，然后就可以用乘法分配律进行分配相乘了。于是……

$$(□+_2)×(□+_1)=_4$$

↓ **分配相乘**

$$(□+_2)×□+(□+_2)×_1=_4$$

$$(□+_2)×□+□+_2=_4$$

结果，你应该可以看出来，左边的"（□+2）×□"仍然可以用乘法分配律进行分解。于是就有了下面的变形：

$$(□+_2)×□+□+_2=_4$$

↓ **使用乘法分配律**

$$□×□+_2×□+□+_2=_4$$

如果你觉得"计算真麻烦",不如换个想法,把计算当作 "锻炼手部肌肉的训练"。如果你是能在计算的过程中体验到快乐的人,那说明你适合走数学家这条路(笑)。

我算得很慢……

方程式等号左边中间的部分——"$2 \times \square + \square$",我们在初一的后半段(请参见第 74—75 页)已经学过了。

对,学过了。两个□加一个□,就是三个□,即 $3 \times \square$。

没错! 是 $3 \times \square$。然后把 +2 移项到等号右边,得到:

$$\square \times \square \underline{+ 2 \times \square + \square} + 2 = 4$$

可以合并

$$\square \times \square + 3 \times \square \boxed{+ 2} = 4$$

移项至等号右边

$$\square \times \square + 3 \times \square = 4 \boxed{- 2}$$
$$\square \times \square + 3 \times \square = 2 \cdots\cdots ②$$

方程式②,是双偏差的方程式变形后的样子。

前面我们对单偏差方程式进行了变形,得到方程式①$\square \times \square + \square = 4$(请参见第 112 页)。是不是感觉①和②很像呢?

如果你能解出这种形式的方程式,那么一元二次方程式就算学完了。

"同一偏差数"，使解二次方程式变得超简单

终于进入最后阶段了，你准备好决战了吗？

不过，要对付大 boss，需要点诀窍。这个诀窍也是曾经某个聪明人的灵感闪现。那个人在面对二次方程式的时候，就想："在双偏差中，如果两项都偏差同样的数，是不是就好解了呢？"

富泽岳史

您等等……您说的，我完全摸不着头脑啊！

马上就要进入关键部分了，我会讲得慢一点，你认真听。

首先，"在双偏差中，如果两项都偏差同样的数"，这到底是什么意思，我给你讲解一下。

〈在双偏差中，两项都偏差同样的数〉

$(\square + 1) \times (\square + 1) = 4$

这是一个双偏差方程式，但两项偏差的数一样，都是 +1。

$(\square + 1) \times (\square + 1) = 4$

→ 两项都偏差 +1

嗯，听明白了。

 那么，我们把"□+1"看作一个集团，设为◎，于是得到：

> **把□+1设为◎，于是，**
>
> **◎×◎=4**

 这……不是平方根吗？初二（请参见第98—101页）的时候学的。

 嗯。两个◎相乘等于4的话，那◎就是 $\pm\sqrt{4}$。也就是说，◎是2或者-2。

接下来，我们把◎还原为"□+1"，就可以得到如下两个式子：

> **◎=2 或 -2**
>
> **因为◎=□+1**
>
> **所以，就得到**
>
> $$\begin{cases} a\ \text{式} \quad \square+1=2 \\ b\ \text{式} \quad \square+1=-2 \end{cases}$$

这样就简单了吧。a式中□=1，b式中□=-3。原本是<u>一个一元二次方程式</u>，不知不觉地，我们就把它变成了a式和b式<u>两个一元一次方程式</u>。

咦？什么？是真的啊！（什么时候变的？）

 说到底，将二次方程式转换成一次方程式的神奇过程，只有在"偏差数相同"的情况下才能实现。这一点非常重要。
"偏差数不同"绝对不行。

 试着将方程式变成"同一偏差数"的方程式

 但是，刚才那道题恰巧两项的偏差数相同，才能解开。可是，并不是所有二次方程式中两项的偏差数都一样啊，那又该怎么办呢？

 别急，**对于一个二次方程式，我们可以想办法把它变成偏差数相同的二次方程式呀。**

 哇——这个厉害了！真的可以做到吗？

 没问题！实际操作一下你就知道了。
首先，一般的一元二次方程式长下面这样，乍看上去，它既不是单偏差，也不是双偏差。

〈 想办法把它变成偏差数相同的方程式 〉
$$\square \times \square + _4 \times \square + _3 = o$$
二次　　　一次　　　零次

初二的时候我们学过，"□ × □"是二次，"4 × □"是一次，"+3"因为没有□所以是零次。

很多一元二次方程式，都混合了二次、一次、零次数式。现在，我们只需要关注二次和一次部分，对于零次的"+3"，姑且先放在一边。

好，现在我们就想办法把"□ × □ + 4 × □"这部分转换成"偏差数相同的数式"。

这里的关键就在于一次式中的 4。

感觉敏锐的朋友可能已经凭直觉在猜测了，4 的一半是 2，如果把 2 作为偏差数的话，能不能把前面那个数式变成一个"偏差数相同的数式"呢？

能不能变形成"（□ + 2）×（□ + 2）"这样的形式呢？

 这样真的行吗（世上还有人愿意思考这样的问题）？

 那我们先试着用乘法分配律把（□ + 2）×（□ + 2）展开看看。

$$(\square + 2) \times (\square + 2)$$

使用乘法分配律，于是

$$= (\square + 2) \times \square + (\square + 2) \times 2$$

再次使用乘法分配律，于是

$$= \square \times \square + 2 \times \square + 2 \times \square + 4$$

我们把一次数式相加，于是

$$= \square \times \square + 4 \times \square + 4$$

怎么样？和前面那个式子有哪些不同的地方？

找差异

- **原式（第 118 页）**

  $$\square \times \square + 4 \times \square$$

- **$(\square + 2) \times (\square + 2)$ 的展开式**

  $$\square \times \square + 4 \times \square + 4$$

 只有 +4 这部分不同。

 对。所以 +4 很碍事，我们把它减掉吧。

是不是有点太杂乱了？

碍事的就是 +4。

+4 是（□ + 2）×（□ + 2）这个式子在展开过程中产生的，是由 2×2 得来的。

$$（□ + 2）×（□ + 2）$$
$$（□ + 2）× □ +（□ + 2）× 2$$

↑4 是从这里得来的！

也就是说，是从 4 的一半（2）的平方得来的。"双偏差而且偏差数相同的数式"在用乘法分配律展开的过程中，肯定会出现偏差数乘偏差数的情况，但得到的那个数有点碍事，我们可以先把它减去。

教授，等等，先让我消化吸收一会儿。

好的，好的。

（十分钟之后……）

嗯……我举个例子来说吧。

□ × □ + 10 × □，对于这个二次式，关键数是 10，10 的一半是 5。那是不是可以变形成（□ +5）×（□ +5）？然后再减去 5 的平方，即减去 25，对吧？

干得漂亮！完全正确！

真的吗？就这么简单？我还不太确信。要不要我实际展开一下看看？

当然！好好感受成功带来的喜悦吧！

好嘞，我试试看（咽了一口口水）！

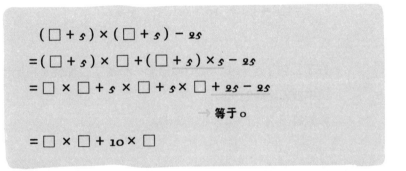

$$(\square + 5) \times (\square + 5) - 25$$
$$= (\square + 5) \times \square + (\square + 5) \times 5 - 25$$
$$= \square \times \square + 5 \times \square + 5 \times \square + 25 - 25$$
$$\rightarrow 等于 0$$
$$= \square \times \square + 10 \times \square$$

哇！我竟然做对了！太厉害啦——！

感觉如何？

只要学会了"统一偏差数"，任何人都能解一元二次方程式。

在上面的第二步中，"$5 \times \square$"出现了两次，而在第三步要将两个"$5 \times \square$"加起来。逆推回去，原题"$\square \times \square + 10 \times \square$"中，我就想到把一次项的 10 除以 2，当作偏差数，结果蒙对了。看来我的直觉还是很敏锐的，哈哈！

$$(\Box + 5) \times (\Box + 5)$$

展开的话……

$$= \Box \times \Box + 5 \times \Box + 5 \times \Box + 25$$

展开的话，肯定会出现两个相加的情况，

所以原来（　）里的偏差数，应该是

一次项中的 10 的一半吧……

↓

$$= \Box \times \Box + \boxed{10 \times \Box} + 25$$

好了，到了这一步，我们该想起一个数了，那就是在第 117—118 页中被忽略掉的 +3。

原式是 $\Box \times \Box + 4 \times \Box + 3 = 0$。

我们将其中的"$\Box \times \Box + 4 \times \Box$"转换成偏差数相同的二次式，于是，

$$\Box \times \Box + 4 \times \Box + 3 = 0$$

变形的话……

$$(\Box + 2) \times (\Box + 2) - 4 + 3 = 0$$

为了凑成相同偏差数的二次式，我们加了一个 4，

为保持平衡，所以得减去一个 4

$$(\Box + 2) \times (\Box + 2) - 1 = 0$$

将 -1 移项到等号右边

$$(\Box + 2) \times (\Box + 2) = 1$$

变形到这个程度，就可以通过平方根来解了。

两个相同的数相乘等于 1，那么这个数只能是 1 或 -1。

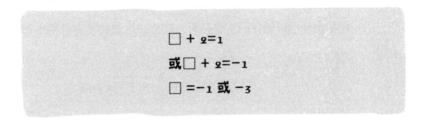

$$\square + _2 = 1$$
$$或 \square + _2 = -1$$
$$\square = -1 \ 或 \ -_3$$

 哇！很轻松就解出来啦！

 恭喜你！初中数学的大 boss 已经被你打倒了！

➡️ **继续为小猫设计门**

 啊！太棒啦！教授！对了，现在还不是庆祝的时候，我的小猫还没有门呢。

 啊！差点把它给忘了（笑）。为小猫设计门的时候，我们列出的方程式（请参见第 69 页）如下：

$$\square \times (_2 \times \square + _5) = 600$$
首先，用乘法分配律将左边展开……
$$_2 \times \square \times \square + _5 \times \square = 600$$

在这个方程式里，二次项的系数是 2，有点碍事，我们先想办法把它消掉。只要等号两边同时除以 2，就可以把它消掉了。对一个等式来说，等号两边同时加、减、乘、除相同的数，等量关系保持不变。我们尽量利用好等式的这个性质，把等式尽量变换成容易处理的形式。

$$\square \times \square + \frac{5}{2} \times \square = 300$$

我们先来观察一下一次项的系数，是 $\frac{5}{2}$，然后我们在它身上想办法，把方程式变形成"偏差数相同的式子"。$\frac{5}{2}$ 是分数，也许你觉得分数不好操作，其实它和整数没什么区别。$\frac{5}{2}$ 的一半是 $\frac{5}{4}$，所以（ ）里出现的偏差数应该是 $\frac{5}{4}$。

〈重新为小猫设计门〉

$$\left(\square + \frac{5}{4}\right) \times \left(\square + \frac{5}{4}\right) - \left(\frac{5}{4} \times \frac{5}{4}\right) = 300$$

→把碍事的部分消掉

$$\left(\square + \frac{5}{4}\right) \times \left(\square + \frac{5}{4}\right) - \frac{25}{16} = 300$$

$$\left(\square + \frac{5}{4}\right) \times \left(\square + \frac{5}{4}\right) = 300 + \frac{25}{16}$$

$$\square + \frac{5}{4} = \sqrt{300 + \frac{25}{16}} \text{ 或 } -\sqrt{300 + \frac{25}{16}}$$

→向右边移项

$$\square = \sqrt{300 + \frac{25}{16}} - \frac{5}{4} \ \text{或} \ -\sqrt{300 + \frac{25}{16}} - \frac{5}{4}$$

$$\square = 16.12 \ \text{或} \ -18.62$$

 最后还是得借助电子计算器（笑）。**一元二次方程式的解应该有两个，但我们所求的是门的宽度，不可能是负数，所以只看正数的解就行了。**

所以，取一个近似值 "16 cm" 就可以了。

 这样就解出来了（有点蒙）……

不过，太好了，小猫终于有自己的门了。

敲黑板，画重点！ 〈配平方〉

像前面的例题那样，把一元二次方程式变形为拥有"相同偏差数"的式子，这在数学上称之为"配平方"，然后再解就容易多了。

➡ **番外篇，不用死记硬背"解的公式"**

 对了，教授，学到这里我突然想起来，关于一元二次方程式，我印象中上学的时候老师教过我们"解的公式"。我现在已经记不起那个公式的具体内容了，只知道它特别复杂，当时背公式的时候就特别头疼（笑）。

啊，你说"解的公式"啊，是这样的：

$ax^2 + bx + c = 0$ 的解为……

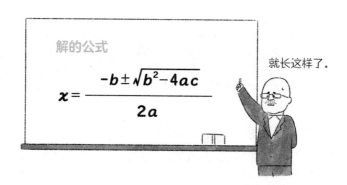

解的公式

$$x = \frac{-b \pm \sqrt{b^2 - 4ac}}{2a}$$

就长这样了。

 对，好像就是这个。不过，也太复杂了，难怪自己当初背不下来（笑）。

 可是，如果你掌握了配平方法，根本就不用死记硬背这个公式呀。

 咦？真的可以不背吗？

 如果把我们刚才解方程式的过程，总结成一个公式的话，就是"解的公式"呀。

当然，如果你能熟记这个公式，那么解方程式的时候用它也没问题。

但如果你没把握熟记公式，用公式反而会增加出错的概率。

所以，当你觉得公式记不清的时候，用配平方法解就行了。

 那可太好了。只要不背公式，让我干什么都行。

 不用专门去背公式。有背公式的时间，不如加强一下以下知识点，之前为了方便，我们都用□表示未知数，实际在数学的世界中，未知数一般用 x、y、z 来表示。除此之外，我总结了三条数学中的基本表示规则，请看下表。

敲黑板，**画重点！**〈数学表示规则〉

- 要点1：在数学的世界中，未知数一般用 x、y、z 来表示。
- 要点2：一个数和自己相乘，并反复相乘多次，表示方法为 "$x \times x = x^2$" "$x \times x \times x = x^3$" ……以此类推。顺便介绍一下，面积单位 "$cm^2$" 实质上就是由 "$cm \times cm$" 得来的。
- 要点3：字母或（　）前面的 "$\times$"（乘号），可以省略。

  例如：$4 \times x \to 4x$　　$4 \times (2-x) \to 4(2-x)$

咦？只有这几条吗？

对，就这几条。根据这几条表示规则，之前我们拼命画的□，现在可以被简化了，请看：

用 x 来表示未知数！

〈简化前〉

$$2 \times \square \times \square + 5 \times \square + 8 = 0$$

↓

〈简化后〉

$$2x^2 + 5x + 8 = 0$$

噢，之前都是□，看着就发蒙，现在换成 x，就清楚多了。但也突然感觉一下子就有数学范儿了，心里又出现压力了。

 这个你必须想办法去习惯（笑）。

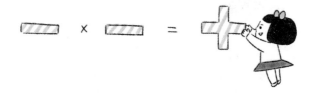

教授的自言自语

令数学狂"垂涎"的 n 次方程式，在大数据中发挥重要作用

　　我们经常说，像纸一样的平面世界叫二维（二次元），立体的世界叫三维（三次元）。但是，放在方程式中，二次方程式除了能处理面积问题，还能表示两个要素相乘的关系；而三次方程式除了能处理体积问题，还能表示三个要素相乘的关系。

　　在本书中我也多次说过，就拿我这个专门从事数学工作的人来说，平时（除特殊情况）使用的方程式的次数最高也就是三次，大多是二次。大学以后学到的四次、五次乃至 n 次方程式，那都是给痴迷数学的"数学狂"准备的（笑）。

　　不过，我们要感谢悉心研究 n 次方程式的人，因为大数据、人工智能等现代高科技，都要用到 n 次方程式。

　　比如，当我们根据"40—50 岁""性别""婚否""有无子女"等多个要素进行综合分析的时候，就要用到 n 次方程式。

　　再比如，在为一种商品制订营销方案的时候，我们需要找到"有可能购买这种商品的潜在客户"。为了提高寻找潜在客户的精确度，我们就要对大量客户的"兴趣""购买经历""出生地""年收入""家庭构成"等数据进行分析。

　　而 n 次方程式，让这种综合分析成为可能。

虽简单却受限——
用分解因式解二次方程式

分解因式，我们在初中数学里会学到，但在现实世界中很少能用到。现在我就给大家讲讲如何用分解因式解一元二次方程式。

⇨ **现实世界中难得一见，"用分解因式解二次方程式"**

初中代数中会学到分解因式。比如"用分解因式解二次方程式"，不过……

不过什么？

只有在考试中才会用到。

用分解因式解二次方程式确实一下子简单很多，但可以使用的情况非常有限。

我认为**利用"相同偏差数"解二次方程式是最强的方法**，所以分解因式法了解一下就行了。我们还是大体上讲一下吧。

先来做一道简单的题。

$$\triangle \times \square = \circ$$

△和□的大概值，你试着猜测一下。

嗯……至少有一个是 0，对吧？

没错。**"任何数和 0 相乘都得 0"，这是一个黄金法则**。另外，也可能两项都是 0。对这道题来说，想到这个程度，并不费劲。

但是，如果等号右边不是 0，而是 1 的话，那么式子虽然看起来依然简单，但答案可就完全没法猜出来了。

"1×1" "$2 \times \dfrac{1}{2}$" "$3 \times \dfrac{1}{3}$" ……都等于 1。

嗯，有无数种可能性。

所以，等号右边是 0 非常重要。

要用分解因式法来解一元二次方程式，必须是"一个集团乘另一个集团等于 0"的情况。

噢……

一个一元二次方程式，要把它变成"△ × □"这种两个集团相乘的形式，你能联想到什么？

嗯……什么也联想不到（斩钉截铁地说）。

呃……就是那个，我们刚才还用过呢。

啊！单偏差和双偏差！

就是嘛！就像"（$x+1$）×（$x-2$）"这样的形式。顺便说一句，（　）与（　）相乘的时候，中间的"×"（乘号）也是可以省略的，但在这里，为了防止大家混淆，我姑且保留了"×"。

假设（$x+1$）×（$x-2$）=0，那么，

$$（\underset{a}{x+1}）×（\underset{b}{x-2}）=0$$

→ a 或 b 的其中一方（或 a、b 双方）为 0。

也就是说，

$$x+1=0$$

或

$$x-2=0$$

这样就等于把一个一元二次方程式转换成了两个一元一次方程式。答案很容易求，$x=-1$ 或 $x=2$。一元二次方程式，恰好应该有两个解。

嗯。但是，您讲这个有什么用意呢？

嘿嘿。如果遇到形式类似"（$x+1$）×（$x-2$）=0"的方程式，那就用不着配平方，更用不着"解的公式"，一下子就可以将其转换成一次方程式，难度会降低很多。我想表达的就是这个。

可是，这种类型的二次方程式并不多见呀。

确实不多见。就拿求长方形的面积来说,"长 × 宽 =0"这种情况是不会发生的。面积为 0,这个长方形存在吗(笑)?

但是,也不能说完全不会遇到这种形式的方程式。如果在解一元二次方程式的时候,你发现"哇!这道题可以用分解因式来解",那你应该感谢老天,因为你真是太幸运了。小概率事件被你遇上了。而且,能通过分解因式来解的方程式,就不需要"解的公式"之类的复杂计算过程了,一下子就能得出答案。

嗯。
但是,说到一元二次方程式,大多是以"$ax^2+bx+c=0$"这样的形式出现吧?为了看它适不适合用分解因式来解,我是不是还得专门把原方程式变形成"双偏差"的形式,然后再看等号右边是否为 0 啊?

是的!关键点被你发现了。之前我讲的,都只能算开场介绍。接下来的才是重点。不过,也是一下子就能解出来。
我们先试着把(x+1)×(x-2)展开看看。

把"x+1"看作一个集团,然后再和后面括号中的两个数分别相乘……

你那样做也行,但为了节省时间和力气,我再教你一个方便的工具——"多项式的乘法"。

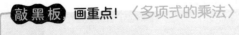

敲黑板 **画重点!** 〈多项式的乘法〉

$$(a+b)×(c+d)$$
$$=a×c+a×d+b×c+b×d$$

咦？……看着眼熟。我感觉以前应该遇到过（极目远眺）……

 你想不起来也没关系（笑）。
你就把"$a+b$"先看作一个集团，然后再拼命乘，我保证最后合并同类项之后得到的式子和前面的式子一样（只要你没做错）。所以，我说没必要死背前面的公式。我们实际展开一下看看。

$$(x + 1) \times (x - 2) = 0$$
$$x^2 - 2x + x - 2 = 0$$
$$x^2 - x - 2 = 0$$

假设你遇到 $x^2-x-2=0$ 这样一个一元二次方程式，那怎么判断它是否能使用分解因式的方法来解呢？分解因式，就是把原方程式逆向变回（$x+1$）×（$x-2$）= 0，也就是双偏差方程式。那怎么判断能不能变回去呢？就看"**能不能找到两个数，它们相乘等于 –2，相加等于 –1**"。如果能找到这两个数，就可以分解因式，而这两个数，就是两个偏差数。

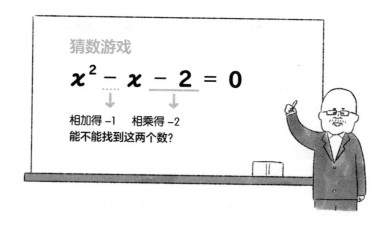

为了使解说更具普遍性，我一般拿一元二次方程式 $x^2+ax+b=0$ 来举例。如果有两个数相乘得 b、相加得 a 的话，那么 x^2+ax+b 就可以分解因式。

 为什么非要满足这样的条件不可呢？

 是啊，我们来回忆一下之前讲的多项式乘法，你还记得吗？

敲 黑 板，**画重点！**〈多项式的乘法〉

$$(a+b) \times (c+d)$$
$$=a \times c + a \times d + b \times c + b \times d$$

现在我们讨论的是双偏差的二次方程式，所以上面式子中的 a、c 就相当于 x。于是，$(a+b) \times (c+d)$ 可以写成 $(x+b) \times (x+d)$。

$(x+b) \times (x+d)$

展开之后……

$x^2 + bx + dx + bd$

将一次项合并同类项……

$x^2 + (b+d)x + bd$

　　　→ 一次是加法　　→ 零次是乘法

零次项是乘法，一次项是加法。通过这种方法来寻找合适的两个数。

是的。放在刚才那个式子中，就是寻找 b 和 d。下面，我随机选一道题试试看。

〈能否用分解因式法解题？①〉

$x^2 + 6x - 4 = 0$

看到这个二次方程式后，我想，能不能用分解因式的方法来解呢？
因为这道题我是随便写的，所以能不能分解因式，我也不知道。要想找到答案，我们先来看零次项。
这道题中，零次项是 -4。哪两个整数相乘得 -4？我们把这些数的组合全写出来。

〈相乘得 -4 的两个整数〉

1 和 -4　　　-1 和 4

2 和 -2　　　-2 和 2

只能这样做吗？

非常遗憾，只能这样做，别无他法。即先找零次项的约数，然后再考虑正号或负号。列举出所有约数，就像做一次"头脑体操"。

如果我列举出 1 和 -4 这一组，就不用再列举 -4 和 1 这一组了吧？

是的，两个数谁先谁后都没关系的。因为它们相加、相乘的结果都一样。

接下来，**我们要看有没有哪组数字相加的结果是 6**（一次项的系数）。

〈 有没有哪组数字相加的结果是 6？ 〉

　1 和 -4　　 -1 和 4

　2 和 -2　　 -2 和 2

没有。也就是说，这道题不能用分解因式的方法来解。

那么，这道题只能用"同偏差"的方法来解了？

嗯，这道题只能用"同偏差"的方法，即配平方法来解。

下面，我们再找一道题试试。

〈 能否用分解因式法解题？ ② 〉

　$x^2 - 5x + 4 = 0$

相乘得 4 的两个整数有……

〈相乘得 4 的两个整数〉

1 和 4　　　－1 和 －4

2 和 2　　　－2 和 －2

其中，有没有相加得 –5 的一组整数？……有！ –1 和 –4 ！

〈有没有哪组数字相加的结果是 –5 ？〉

1 和 4　　　－1 和 －4

相加得 –5 ！

2 和 2　　　－2 和 －2

正确！也就是说，这个方程式可以用分解因式的方法来解，即它可以变形为两个偏差式相乘的形式。如下：

$$(x-1) \times (x-4) = 0$$

分解因式完成！

对。再解这道题就很容易了。$x-1$ 和 $x-4$，总有一个等于 0。

$$x - 1 = 0$$
$$或 \ x - 4 = 0$$
$$于是，$$
$$x = 1 \ 或 \ 4$$

怎么样？变成了两个超简单的一次方程式，答案可以脱口而出。

我们回顾一下整个解题过程，有两个要点要牢记：

（1）**先看零次项，举出所有零次项的约数组合；**
（2）**从列出的约数组合中寻找，有没有哪组数相加等于一次项的系数。**

在实际操作的过程中，我真的要把零次项的全部约数组合都写出来吗？

不熟练的时候，最好全都写出来。不过你要相信，考试的时候不会出太复杂的约数组合题，也就几组约数，都写出来也不麻烦。即使考试那天你不在状态，就是没找到合适的约数组合，那也可以**用最强大的武器——配平方法，来解**。

那在考试中，一般会以什么形式出题呢？

考试中一般都会指明，"请用分解因式法解下列方程式"。

那不就等于说，"下列方程式都可以用分解因式法来解"吗？这个提示太贴心了（笑）！

对呀，完全露馅了。出题老师也是图省事，就把（$x+a$）×（$x+b$）=0 中的 a、b 随便换个数字，然后把这个式子展开，就得到了一道二次方程式的题目，而且，肯定可以用分解因式法来解。

原来是这样出题的呀……
那么，像 x（$x+a$）=0 这种单偏差的方程式，在考试的时候会以什么形式出现呢？

这样的方程式啊，也是 △ × □ =0 的形式，所以可以用分解因式法来解。但它有一个非常明显的特征，就是展开后没有零次项，是 $x^2+ax=0$ 的形式。遇到这种形式的二次方程式，简直太幸运了。因为它太好解了。只要提取公因数 x，就可以变形为 x（$x+a$）=0 的形式。答案当然就是 0 和 $-a$。

这样的题果然简单！

复习解二次方程式的三种方法

到此为止，初中数学中最难、最重要的一元二次方程式，你也会解了。

什么？我这么快就学会了？

因为我带你走的是最短路径嘛。现在我们要重新复习一下。解一元二次方程式的方法，有三种。

敲 黑 板　**画重点！**〈一元二次方程式的解法〉

（1）平方根法 → 像 $x^2=a$ 这种简单的一元二次方程式，可以用平方根法来解。

（2）分解因式法 →这种方法在现实生活中很难遇到。

（3）配平方法 → 任何一元二次方程式都可以用配平方法解出来。

　　　　　　　还有一种死记公式的方法，"解的公式"。

这三个方法中最重要的就是配平方法，因为不管什么样的一元二次方程式，都可以用这种方法来解。

至于"解的公式"，估计到下个礼拜你就想不起来了，但只要掌握了配平方法就可以。

配平方法……**先取一次项系数的一半，配成相同偏差数相乘的式子，再减去一次项系数一半的平方。**

我现在还没忘记，但为了永远记住配平方法，我们再来实际操作一次。

〈复习用配平方法解一元二次方程式！〉

$x^2 + \boxed{4} x + 3 = 0$

　　　　一半

$(x + 2) \times (x + 2) - 4 + 3 = 0$

　　　　→ 因为加了 2^2，所以需要减去 4

$(x + 2) \times (x + 2) - 1 = 0$

　→ 移项到等号右边

$(x + 2) \times (x + 2) = 1$

　　　→ 一个数的平方等于 1，
　　　　那这个数是 1 或 -1

变形到这种形式，就可以用平方根来解了……

$$x + 2 = 1$$
$$或 x + 2 = -1$$

也就是说，

$$x = -1 或 -3$$

啊！第二次！我又解出来啦！

 恭喜，你已经掌握了配平方法。接下来我要提醒你，如果遇到了像"$3x^2$"这种二次项系数不为 1 的情况，首先要把这个系数 3 消掉，即将其变成 1。

 嗯，谢谢教授提醒！

 在一元二次方程式中，最简单的要算"$x^2=3$"这种形式。

 这种一元二次方程式，用方法（1）平方根法就行了，求 3 的平方根即可。

 没错。使用平方根法，一下子就能得出结果。
第二简单的方法是分解因式法。类似于（$x+a$）×（$x+b$）=0 这种双偏差或单偏差的式子，当等号右边为 0 的时候，就适合用分解因式法来解答。
不过，并不是所有的一元二次方程式都适合用分解因式法。当遇到一个一元二次方程式时，要判断它是否适合分解因式，还是需要一点技巧的。

我梳理一下，当我们遇到一个一元二次方程式时，首先要判断它能否用平方根法直接解答。如果不行，再看它是否适合分解因式。如果这也不行，那就只能使用最后一招——配平方法了。对吧？

一般来说，要不是考试中专门想考你分解因式法，那么你很难遇到可以分解因式的二次方程式。

遇到的概率真的那么小吗？

真的不容易遇到。我处理现实生活中的数学问题，大约有三十年了。而且，我几乎每天都会用到二次方程式，就以我这种使用二次方程式的频率来说，这三十年中我也只遇到过三个方程式可以用分解因式的方法解。

三十年才三次?！

也许是我的运气太差了，总是错过能分解因式的二次方程式（笑）。不管怎么说，在明天以后我们要学的分析、几何，乃至高中以后的数学中，二次方程式都会被频繁地用到。到时候用得多了，自然就觉得小菜一碟了。

你看我，几乎每天都用二次方程式，列式、解题根本没有任何障碍。

但可以说，二次方程式是初中代数的最高峰，是最终目标！

即使你忘记了分解因式的方法，只要会配平方法，就一定能解开二次方程式！

好的，教授，放心吧！那三种方法我都记住了！

拍电影也会用到分解因式

其实，分解因式，最初、最原本的意思是"提取公因式"。

举例来说，"3x+6"这样一个式子，我们可以把它变形为"3（x+2）"。可见，"3"就是"3x"和"6"的公因式，可以提取出来。

遇到一个式子，我就在心里想："这个式子是由什么和什么乘出来的呢？"这种想法，就是分解因式的动力。

虽然我说过，在解一元二次方程式的时候，不会经常用到分解因式的方法，但分解因式的概念，在现实生活中还是有一定作用的。

以前，我曾有幸获得和北野武先生畅谈的机会，他对我说："我特别喜欢数学。尤其是初中学的分解因式，我还曾把它用到拍电影的过程中。"

拍摄一部电影，需要分开拍摄很多个镜头，这就会涉及很多个场景。每到一个新场景拍摄，拍摄团队都会整体移动过来，道具工作人员需要布置场景，灯光工作人员需要设置灯光……总之，拍电影要耗费大量的金钱、人力、物力。

北野武为了提高电影的拍摄效率，同时节约成本，想到了一个非常巧妙的办法。他会对剧本进行分解因式（或者叫提取公因式），把要在同一个场景中拍摄的镜头全部找出来（这个场景，就相当于公因式被提取了出来），然后在这个场景里集中拍摄所需的所有镜头，接着再转移到下一个场景，拍摄其他镜头。

例如，在一部电影中，一共会出现五次在家庭餐桌旁就餐的镜头，那么，北野武就会让演员和工作人员一口气在餐桌这个场景，把五个镜头都拍完。五个镜头之间，只需根据剧情需要更换演员、服装、道具罢了。这样的工作流程非常合理、高效。

Nishinari
LABO

第 4 天

瞬间理解初中
数学中的
"函数"！

函数，到底是什么东西？

在初中数学的三大领域中，"分析"主要研究的就是函数。所谓函数，通俗地讲，就是帮我们画图像的东西。我们先从一次函数入手。

⇨ 使用微积分，才是真正的"解析"

 啊，昨天我已经潇洒地击倒了初中数学最强的大 boss（二次方程式）。初中数学，我们就算学完了吧，教授？

 别急，我还要带你打败"分析""几何"中的大 boss。所以还得继续锻炼思考体力。

今天我们讲"分析"，其实很快就能讲完。初中数学中的"分析"，主要涉及的就是函数。初中数学的最高峰，昨天我们已经征服了，所以剩余的课你应该会觉得很简单。

 你这么一说，我就不紧张了。不过，"函数""分析"这些词本身，对我这样的文科生来说，就很让人头晕了。

 确实，这些术语都比较专业，平时不常用到。"分析"的英语 analysis，你听过吗？

 我还真听过，在商务会谈中，偶尔能听到白领们用这个词。

不过……我站在一个数学工作者的角度来看，听商务人士用 analysis 这个词，总感觉有点别扭。

咦？为什么呢？

对我们数学工作者来说，一提到分析，基本上是指"使用微积分进行分析"。但商务人士所说的 analysis，无非就是收集很多信息、数据，然后凭感觉推测说："应该是有这种倾向吧。"这不是分析，只能算"设立一种假说"。

噢，您说得有道理。

微积分知识要到高中才学。但如果没有事先进行铺垫，到高中直接学微积分的话，对学生来说难度有点大。所以，初中的分析，会为日后学习微积分做些铺垫，比如一次函数（直线）和二次函数（抛物线）。但说实话，初中所学的分析知识，一转眼我就能教会你。

 用图像表示暴饮暴食期间的体重

好了，我们先从一次函数入手。**函数的一个特点就是既可以用式子表示，也可以用图像表示**。我们一起来画一个一次函数的图像吧。

我先抛出一个问题："连续暴饮暴食，体重会增加吗？" 我**把连续暴饮暴食的天数设为** x，**体重设为** y。

暴饮暴食的人

这里也是不知道的数就设为未知数，用 x 或 y 表示？

对。在考虑暴饮暴食的天数和体重的关系时，我们一般会认为"暴饮暴食持续的天数越长，体重增加的量就会越多"。

如果用图像来表示这个关系的话，**随着天数的增加，体重也会不断增加，所以，图像的走势应该是上涨的。**

嗯，确实。

对于这个问题，暴饮暴食的天数和体重的关系可以用一条直线来表示，像这种简单的"关系"，叫作一次函数。也可以说暴饮暴食的天数和体重是一次函数关系。

但实际上，人在暴饮暴食的过程中，每天体重增加的量不一定是固定的，但现在为了帮你理解一次函数，我们姑且把每天增加的体重设定为固定的，即每天增加 2 kg。

确实，每个人体重增加的量肯定不一样。一个人每天增加的量也不一定是固定的。

没错。这也是这个问题的关键所在。如果是每天坚持锻炼的人，由于他消耗的能量比较多，即使暴饮暴食，体重增加的量也会相对较少。

反过来，如果是不爱运动的人，又暴饮暴食的话，那每天增加的体重肯定要多一些。

对一次函数来说，有一个非常重要的概念就是斜率。

拿刚才那个问题举例，斜率就是"**体重每天按照什么样的节奏增加**"。

 原来如此。但是怎么才能知道这个斜率呢？

 只要多积累数据。

例如，一个人最初的体重是 60 kg。因为连续暴饮暴食，第 2 天他一称体重，发现变成了 62 kg，第 3 天涨到了 64 kg……

 就是说，每天增加 2 kg。

 对，这就是斜率。

 那个……教授，我一听到"斜率"这么专业的词，头就发晕。请问有没有更通俗一点的表达方式啊？

 "节奏""变化率"，这样能听懂吧？

在这个问题中，所谓的斜率就是"每天体重变化的节奏"。

拿跑步来举例的话，我们跑步的节奏，就是用"跑过的距离"除以"所用的时间"得到的。

 啊，明白了！是不是就是"速度"？

嗯。同样，用"增加的总体重"除以"暴饮暴食的天数"，就能得到"体重增加的节奏"。在这道题中我们得出的节奏是 2 kg/d（即每天增加 2 kg）。

 原来如此。那如果隔 1 天再测体重呢？节奏还一样吗？

 隔 1 天，也就是 2 天增加 4 kg，4 kg÷2 天 =2 kg/d，体重增加的节奏还是没变。

 噢！

 通过对大量的数据进行计算，我们可以发现："原来体重增加的节奏是固定的！"那么，暴饮暴食第 3 天的体重是多少？我们应该能够计算出来。

 1 天增加 2 kg，那么 3 天应该增加 6 kg。
再加上原来的体重，那么第 3 天结束时，这个人的体重应该是 66 kg！

 恭喜你算对了！到这里，初一的函数就学完了。（笑）假如把暴饮暴食的天数设为 x，体重设为 y，那么求 x 天后的体重 y 的式子应该是 "$y=2x+60$"。

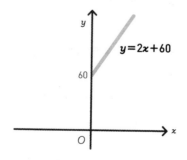

用图像表示的话，就如上图，是一条射线。

这条射线的起点，在 x 轴的上方，你知道为什么吗？

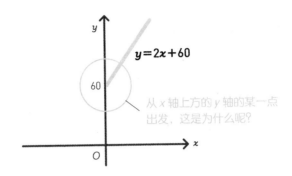

从 x 轴上方的 y 轴的某一点
出发，这是为什么呢？

嗯……因为这个人最初的体重是 60 kg，而不是 0 kg，对不对？就是说，**射线的起点在 60 kg 这个点上。**

对。你说得非常正确！第 1 天开始暴饮暴食前，即 x 为 0 的时候，y 值为 60。所以，射线起点的坐标就是（0，60）。

⇨　**你知道方程式与函数的区别吗？**

呃……这个……
之前我们学解二次方程式的时候，未知数只有 x 一个。但这次的函数 $y=2x+60$，里面还多了一个 y。
说实话，这一点我没太弄明白。

你提了一个好问题！这个问题直接关系到方程式与函数的区别。

嗯……我似乎发现了方程式与函数的区别。

方程式属于代数，函数属于分析，两者完全不同。

不过，学校的老师很少会给学生讲两者的区别，所以你之前不清楚也是可以理解的。

首先，**方程式的目的是**在"特定条件"下，求未知数 x 的值。

噢……（汗）不过，所谓的"特定条件"，指的是什么？

首先，**"关系式"成立，并且"x 以外的数字都已知"。**

举例来说，假设有一个方程式 $x^2+3x+4=0$，首先，这是一个体现关系的等式，另外，除了 x 以外的数字都已知。接下来，**只需要机械性地解方程式就行了。**

嗯。

那函数呢？函数本身就是"体现关系的式子"，即"关系式"。

在刚才的那道题中，体重与暴饮暴食天数的关系式就是 $y=2x+60$。这个就是函数，而不是方程式。

体现关系的式子……是函数。

要想知道 3 天后的体重，只需要把 x 设置成 3，就可以求出体重 y。要想知道体重达到 70 kg 的时候是暴饮暴食的第几天，只需要把 y 设置成 70，然后求出 x 就知道了。

在函数这个关系式中，在指定天数或体重（比如 3 天后，或体重达到 70 kg）之后，这个函数式才变成了方程式。

 啊！真的！指定 x 或 y 中任意一个的值，就只剩一个未知数了，也就成了方程式。

 换种说法，**在"函数"中，要计算特定条件下的值时，会用到"方程式"。**

如果眼前有一个函数的图像，那么只要有一把尺子，就可以大体上测出想要的数值。但要严密计算出数值，就必须使用方程式。

 画重点！ 〈方程式与函数的区别〉

（1）方程式→在特定条件下，求 x（未知数）的值。
（2）函数→表示关系本身（在指定了条件的情况下，就变成了方程式）。

⇨ **图像中的线表示"变化"**

 讲得再通俗一点，表现"线"的时候用函数，表现"点"的时候用方程式。

举例来说，在刚才的问题中，暴饮暴食者 1 天后的体重是 62 kg，2 天后的体重是 64 kg。但是根据这些数据，在图中不是只能画出两个点吗？它们的坐标分别是（1，62）和（2，64）。

但是，如果选取一百天的数据，在图上画一百个点呢？看起来就变成了一条线，是不是？

确实……
点集合起来，就形成了线。

点的集合？

这种思维方式非常重要。
虽然把函数的图像画在纸上之后，怎么看都是线，但这线其实是点的集合。

嗯，如果用显微镜观察一条线的话，也会看到很多的点……

这正是分析的基本思维方式。更进一步说，**函数的线，是斜率的集合**。

什么（教授在说什么啊？）？

根据你的表情，我猜你心里正在想，"教授在说什么啊？"（笑）。这其实是高中微积分中一个超级重要的概念，现在你姑且把它记下来，在大脑的一个角落里保存好吧。

关于分析这个数学领域，我希望你想象一下：**一个点的周围存在多少其他的点？它们以什么样的状态、什么样的密度分布在那个点的周围，就是要"分析"的内容。**

举例来说，二次函数和二次以上的函数，图像就是曲线了，而曲线的斜率就不固定了。

啊，是这样啊！就是说，变化的节奏有时快、有时慢，对吧？

没错，甚至有的时候还会停下来。

要想用关系式把曲线准确地表示出来，只看点与点的关系就显得捉襟见肘了，必须尽量连续地观察曲线的变化率。

微积分也就应运而生了。

在现实社会中，观察"现象是怎么变化的"，并用函数来表现这种变化，是非常重要的。

为什么呢？

为了更便于实际应用。

假设当 $x=1$ 时，$y=3$，我们如果只有这一组数据，那么是完全无法应用到实际中去的。因为**如果 x 翻了一倍，变成 2 时，我们无法保证 y 也会翻一倍，变成 6**。那么，在这种状态下，x 和 y 的关系是没法应用于实际的。

所以，要想了解 x 等于其他值时 y 值的情况，我们必须收集更多的数据，观察它们之间的变化关系，然后为这种关系列出一个式子。

也就是说，列关系式是最重要的。

没错。

实际上，我平时的重要工作就是收集、分析庞大的数据，依据数据描绘图像，再根据图像设计函数关系式。

咦！这个让我有点意外。听您这么一说，感觉数学家的工作并不像我想象的那样高深啊。

是啊，非常基础。

对了，刚才我讲的函数的斜率，在高中就叫作"**微分系数（导数）**"。

您又说出我听不懂的名词来了……

您是想难为我，还是向我炫耀？

不不，都不是（笑）。

我就是想告诉你，以后听到"微分系数"这个词，不必害怕。**它虽然听起来很难、很专业，但实际上和"斜率"的概念一样，就是表示"图像的变化节奏"。**

因为在初中不会学微积分，所以就用"斜率"这个词来"敷衍"你们（笑）。

时下正流行！数据科学家们学习的"统计、概率"

之前我讲过，数学分为代数（数与式）、分析（图像）、几何（图形）三大领域，但其实还有一些"其他"领域，比如"概率和统计"。

关于概率、统计，本书不做讲解。在初中教科书中，这部分知识也没有被归为重点。对于统计、概率，初中数学只讲了一点非常简单的皮毛，读者朋友想了解的话，上网查一下相关知识就足够了。

顺便介绍一下，统计和概率的知识，很多都包含在"分析"（数据或统计分析的领域）中，剩下的部分则包含在"代数"中。

本来，在我们数学界流传着一种说法，分析的皇冠是"微积分"，代数的皇冠是"数论"。所以，研究"统计"的人并不多。

不过，虽然以前"统计"被看作数学的"赠品"，没那么受重视，但在当下，随着 AI（人工智能）和大数据的飞速发展，数据科学家们开始越来越重视统计学。在一些人的眼中，统计学是时下最流行的学问。

就像我们的数学教科书在不断地变化一样，整个数学领域也在不断地发展和变化。

欢迎来到二次函数的世界

一次函数，是变化节奏固定的简单函数。二次函数就稍微复杂一些了，它在现实世界中的实用价值也高了不少。我们赶快来学习二次函数吧！

⇨ **100 年后变成多少钱？利息的计算方法**

 接下来我们要学习二次函数，这说明你已经上初三了。在初中，"抛物线"这个词，说的就是二次函数的图像。

这次我来和你聊聊钱。

假设你进行了一项投资，1 年后增加了 2 万日元，2 年后比最初的本金增加了 8 万日元，3 年后比最初的本金增加了 18 万日元……请问投资收益要达到 100 万日元，需要多少年？10 年后一共增加了多少钱？你会算吗？

 噢！够我算半天了！

 我猜也是（笑）。我们一起看看该怎么算。

现实生活中的数学，最重要的一点是"**分析关系性**"。

那么在这道题中，**增加额和年数之间，存在什么样的关系呢？**

请努力想一想。

嗯……我们先画出三个点吧。

 当然要画。画出点后，再用线把这三个点连起来看看。

 咦？貌似无法用一条直线连接这三个点啊，线必须弯曲才行……

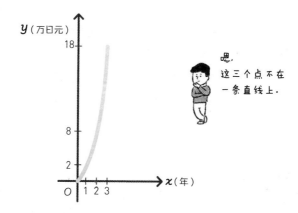

 确实要弯曲，那为什么要弯曲呢？你知道吗？

 因为……"增加的节奏"不一定，对吗（提心吊胆地回答）？

 正确！你抓住了最最关键的部分。"函数中只要有乘法，图像就一定是曲线"。

反之，**不含乘法的函数，它的图像一定是直线，它也就一定是一次函数**。

咦？一次函数中也有乘法呀，之前您讲的那个一次函数，x 前面不还有个乘数吗？

不好意思，是我说得不严密。应该是"含有变量与变量相乘的函数，图像一定是曲线"。"$2x$"这种不算，要像"x^2"这样才行。

敲 黑 板，画重点！〈一次函数与二次函数的区别〉

一次函数→**不含变量与变量相乘的函数**
例：$y=2x$，$y=-2x+30$
二次函数→**含有变量与变量相乘的函数**
例：$y=2x^2$，$y=-2x^2+30$

原来如此……1 年后收益为 2 万日元，2 年后为 8 万日元，3 年后为 18 万日元……啊！对了！我似乎发现规律了！y 是"年数的平方再乘 2"！

厉害呀！我们设年数为 x，收益金额为 y，那么就可以列出一个式子 $y=2x^2$。

在寻找关系的时候，我教你一个窍门，先把 x 平方，再看结果和 y 有什么关系。具体到这道题，就是"先用年数 × 年数，再看这个结果和收益是否存在某种关系"。

于是，1 年后，就是"1×1"和 2 万日元的关系，2 年后是"2×2"与 8 万日元的关系，3 年后是"3×3"与 18 万日元的关系，结果发现，原来"收益等于年数的平方再乘 2"。

嘿嘿……说到算钱这种事，我就干劲十足啊！

关系式我们已经找到了，那接下来就算一算，"投资收益要达到 100 万日元，需要多少年？"

在前面我们所列的关系式中，y 就是投资收益额，那我们把 100 带入 y，得到 $100=2x^2$，这是一个简单的二次方程式。接下来只要求解就行了。我们来试试。

我想你应该会解吧？

$$100 = 2x^2$$
$$50 = x^2$$
$$x = \pm\sqrt{50}，但这里我们只取正数（因为年数$$
肯定是正数，不可能是负数），于是，
$$x = \sqrt{50}$$

$x=\sqrt{50}$ 是数学上的解，但要把根号带到现实生活中，就麻烦了。所以我们还得求出 $\sqrt{50}$ 的近似值。

嗯……约等于 7？

正确。因为七七四十九嘛，所以，我们知道大约 7 年后，或者说 7 年多一点，收益额就可以达到 100 万日元。

好了，至此，初中的分析（函数）也学完了。

啊？这就学完了？仅此而已？

实际上只有这么多内容。

真的是……一瞬间就学完了，太令我吃惊了。不过，一开始列关系式的时候，我基本上是凭直觉列出来的。这样真的行吗？我心里有点没底。

你的担忧是有道理的，而且，**现实生活中的数字也不会这么简单、整齐。**

其实，在初中数学中所学的二次函数，基本上都限定在 $y=ax^2$ 这种最简单的二次函数上。遇到初中函数题，只要稍微一动脑筋，肯定马上就能列出关系式。

就算我这样的数学工作者，在实际工作中分析大量数据时，也首先会凭直觉判断，"咦？这好像是二次函数。让我看看变量之间的关系是否存在某种规律"，然后很多问题就迎刃而解了。

噢，看来数学家的工作，并没有想象中的那么严谨。

 复杂曲线也可以用二次函数表示

在这里我介绍的**二次函数曲线，即抛物线**，可以说是世间最简单的曲线。它**呈 U 形，只有一个顶点，而且左右对称。**

在包含 "x^3" 的三次函数的曲线中，U 形曲线的顶点会增加到两个，曲线整体上有点像字母 N，只是要圆滑一些。而四次函数的话，曲线的顶点就会增加到三个。

二次   三次   四次

但不可思议的是，我们**从世间所有的曲线中，似乎都能找到二次函数曲线的影子。**

二次函数曲线的影子？

不管多么复杂的曲线，如果你把它分成小段来看的话，都能找到类似二次函数的抛物线。

举个例子，我随意画了一条比较复杂的曲线。

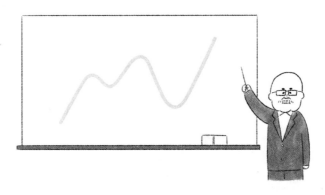

这条曲线，从形状上看，已经不是三次、四次函数的曲线了，没准是十多次函数的曲线。但是，只要把它分成小段，每一小段就可以用较低次数的函数来表示。也就是说，各个小段都有可能用一次或二次函数来表示。

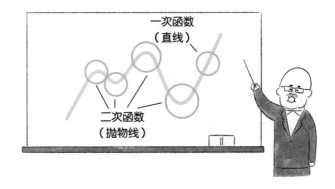

噢。

例如，如果把三次函数的曲线进行细分的话，那么可以用二次函数的组合来表现。如果细分到非常微小的程度，也可以用一次函数来表现。

它是若干条很短的线段的集合，是这个意思吧？

对。这种把曲线用更低次数的函数进行表示的方法叫作"**泰勒展开**"，这个要到大学一年级才会学到。

您刚才讲的，**我感觉和证券公司的分析师所做的工作有点像，证券分析师要预测一年后的股票行情，是非常难的。但如果把时间轴细分，以五分钟为单位，那么五分钟之后的行情还是比较容易预测的。**

你这个比喻非常形象。也许一分钟后的行情需要用二次函数来预测，但一秒钟后的行情，说不定就可以用一次函数来预测。**分析的时间段越短，所用函数的次数也就越低**，直到用初中数学知识就能解决。

⇨ **先了解一下高中要学习的二次函数**

对了，教授，我想起之前您给我讲一元二次方程式的时候，遇到过类似 ax^2+bx+c 这种由一次式、二次式和零次式混合在一起的式子。如果把这种式子作为二次函数的话，它的曲线会是什么样子的呢？

我不会告诉你的。为什么呢？因为那是高中才会学的知识。

真扫兴，我明明已经掌握了代数中的二次方程式，却不让我学二次函数……

是的。

实际上，初中涉及的二次函数，都是 $y=ax^2$ 这种形式，都可以用求平方根的方法来解。

这是二次方程式中最简单的解法。

对。虽说用配平方法，可以解所有的一元二次方程式，但对于初中涉及的二次函数，根本没必要用配平方法。

教授，那您能不能粗略地给我讲讲高中的二次函数呢？

好吧，看你的热情如此高涨，我就破一回例。你准备好了吗？

以 $y=ax^2+bx+c$ 为例，我先讲简单的。

我们先看 a，如果 a 是负数，那么这个二次函数的抛物线，开口就是朝下的。

这个特征你要牢记，**如果抛物线开口朝上（正 U 形），那么 a 一定是正数；如果抛物线开口朝下（倒 U 形），则 a 一定是负数。**

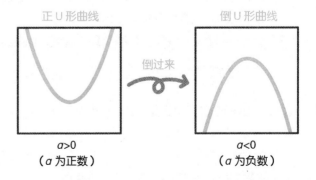

正 U 形曲线　　　　　　　　　　倒 U 形曲线

倒过来

$a>0$　　　　　　　　　　　　　$a<0$
（a 为正数）　　　　　　　　　（a 为负数）

现在我们只看曲线的右半部分，如果 a 是正数，这部分就是不断上升的；如果 a 是负数，这部分就是不断下降的。

您这样一区分，还是很好记的。

 然后我们看 c。因为这一项里没有 x，所以是**零次式（数字）。这个数字决定抛物线的上下位置**。例如，假设有一个二次函数 $y=2x^2+1$，那么请看下图，它的曲线就是将 $y=2x^2$ 的曲线向上移动 1。为什么会这样？因为不管 x 的值是多少，在计算 y 值的时候，都需要再加上 1。这个特征和一次函数相同。

▶二次函数的
　上下移动

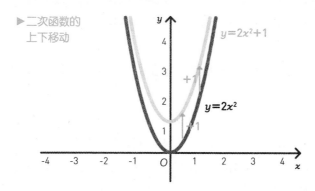

敲黑板 **画重点！**〈二次函数的图像（1）〉

（1）ax^2 的 a，如果是正数，函数曲线就是正 U 形；如果 a 是负数，函数曲线就是倒 U 形。

（2）$y=ax^2+bx+c$ 的 c（零次项的数值）决定函数曲线的上下位置。

 那么，抛物线的左右移动，由谁来负责呢？

 我先说结论吧，拿 $y=3x^2$ 为例，如果想把它的曲线往左移动 1 的话，只需要把它变成 $y=3(x+1)^2$ 即可。

 噢，就是把原来的 x 变成 $x+1$……

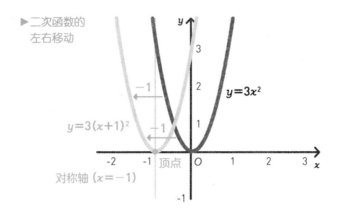

▶二次函数的
　左右移动

$y=3x^2$

$y=3(x+1)^2$

对称轴 ($x=-1$)

顶点

对。**不管 x 的值是多少，每次只要加上 1，抛物线就向左移动 1。**

这个原理放在 $y=ax^2+bx+c$ 中也是一样的。如果想把这个函数的曲线向右移动 5 的话，只需要将 x 换成 $x-5$，即 $y=a(x-5)^2+b(x-5)+c$。能听明白吗？

〈要点〉
向左移动的话，
（ ）里要加一个数，
向右移动的话，
（ ）里要减一个数。

向左　　向右
移1　　移1

$(x+1)$　　$(x-1)$
加　　　减

〈曲线向右移动 s，函数式变成什么样子了？〉

$y = ax^2 + bx + c$

↓ 向右移动 s，x 就减 s，于是

$y = a(x - s)^2 + b(x - s) + c$

嗯……大体上听懂了。

$y=a(x-5)^2+b(x-5)+c$，原来的 x 变成 $x-5$，所以函数曲线向右移动 5。

对。但是，一般情况下，现实世界中的二次函数式不会规规矩矩的，不会像教科书中的例子那样整齐。所以它到底是向哪边移动、移动多少，我们都无法一眼看出来。但没关系，我们只需把实际的二次函数式变形成 $y=ax^2+bx+c$ 这样，就行了。

用什么方法变形，你能想到吗？我告诉你吧，还是**用配平方法**。

是不是说，要用"相同偏差数"的原理？

非常正确！我们**用配平方法**试试看。

上下移动倒是简单，不过，我感觉左右移动就有点难了……

左右移动是有点难。你一边复习配平方法，一边听我讲解。

二次函数的基本形式是 $y=ax^2+bx+c$。

为了将它配平方，二次式系数 a 比较碍事，需要先把它去掉。

前面我们用的方法是在方程式两边同时除以 a，把 a 消掉。但是，现在不是方程式了，而是函数，等号另外一边不是 0，而是 y。所以，没法用等号两边同时除以 a 的方法了。

那么，现在我们先不管等号那边的 y，只在等号这边除以 a，得到

$x^2+\dfrac{b}{a}x+\dfrac{c}{a}$。

要对这个式子配平方，该怎么做？

先把一次项系数除以 2，对吧？

正确。$\dfrac{b}{a}$ 除以 2，等于 $\dfrac{b}{2a}$，然后呢？

 然后把多出来的数减掉。

 对。因为要加一个 $\dfrac{b}{2a}$ 的平方才能配成平方，所以还得把 $\dfrac{b}{2a}$ 的平方减掉，即减去 $\dfrac{b^2}{4a^2}$。原来的 $\dfrac{c}{a}$ 不变。最后，再把消掉的 a 还原回去。

于是，就得到下面这个配平方后的式子。

$$y = a\left(x + \frac{b}{2a}\right)^2 + c - \frac{b^2}{4a}$$

这个式子意味着什么呢？

抛物线向左移动了 $\dfrac{b}{2a}$，

向上移动了 $c - \dfrac{b^2}{4a}$。

顺便说一句，这个知识要到高二才会学到。不过，只要把一元二次方程式掌握好了，这也没什么难的。

➡ 一元二次方程式为什么有两个解？其中的理由一目了然

 在这里我要补充一个非常重要的知识点。在二次函数中，"一个 y 值所对应的 x 值，有两个（顶点除外）"。这个你知道吗？

这……不知道。

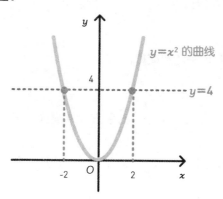

举例来说，$y=x^2$ 这个二次函数的曲线，当 $y=4$ 的时候，我们过 y 轴上 4 这一点，做一条平行于 x 轴的直线，你会发现，这条直线和函数的抛物线有两个交点，因为抛物线是 U 形的。

确实，当 $y=4$ 的时候，x 的值有两个，一个是 -2，另一个是 2。

这就是"一元二次方程式有两个解"的原因。

您别说，还真是！这样我一下子就明白了。

是吧。但是，初中数学所涉及的函数，都是顶点在坐标系原点的简单曲线，所以，给学生讲一元二次方程式有两个解的原理，不太好讲。

不过，我们看看初中代数中一元二次方程式的标准式 $ax^2+bx+c=0$，它是不是和二次函数的标准式 $y=ax^2+bx+c$ 非常相似？聪明的人可能已经看出来了，不就相当于求当 $y=0$ 时 x 的值嘛。而且，当 $y=0$ 时，x 的值就是抛物线与 x 轴相交的点的值呀。

您这样一说，一元二次方程式有两个解的理由，就很好想象了！

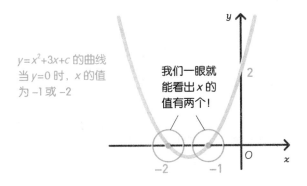

$y=x^2+3x+c$ 的曲线
当 $y=0$ 时，x 的值
为 −1 或 −2

我们一眼就
能看出 x 的
值有两个！

 你也这样觉得吧。初中学生，有时不太能理解为什么一元二次方程式有两个解，尤其是遇到负数解的时候，更是想不通。我用函数曲线来讲其中的理由，是不是就容易理解了？我觉得这是复习一元二次方程式最好的方法。

 可是，很多初中生没有这么幸运，在没有接触到二次函数之前，就已经放弃数学了……比如我。

 所以我认为，在初中数学中学到函数的时候，应该加入顶点不在原点的二次函数，这可以帮助同学更好地理解一元二次方程式。

 确实。就像存钱一样，不一定非要从 0 日元存起呀。

 对。"×× 年之后，我要存到 ×× 万日元！"当你设置好这个目标并开始存钱的时候，你手头可能已经有些积蓄，也可能身无分文，还可能欠了一屁股债。所以，现实中函数曲线的顶点，不一定都在原点。

第**3**小时

反比例不是
"把比例反过来"吗？!

我们在初中学的"反比例"函数，其实是一种奇怪的函数。有很多人认为，"反比例，不就是把比例反过来吗？"真是这样吗？下面，我们就来揭开反比例函数的真实面目！

➡ 有点奇怪的函数——"反比例"函数

在初中数学的分析中，会学到反比例函数。其实在小学的时候，我们就已经接触了一点比例和反比例的知识，但到了初中会通过式子和图像的形式再深入地学习一些。

小学学的比例知识很简单，基本上 x 和 y 是固定的比例关系。这是一次函数的最简单的形式。

"$y=ax$"的别名，就是比例。图像是穿过坐标系原点的一条直线。

对，就是这个。

但是，反比例里隐藏着一颗巨大的地雷。

啊？地雷？

我偶尔听到有人这样理解反比例，他们说："反比例嘛，就是 x 增加的话，y 减少的关系。"他们认为，如下图这种由左上方向右下方倾斜的直线，就是反比例的图像。

 噢。

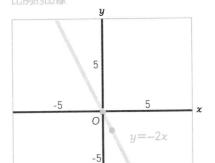

比例的图像

$y=-2x$

 可实际上，他们说的那种关系和图像，都是"比例"呀。如果说"正比例"的反义词是什么的话，我觉得应该是"负比例"。那反比例到底是什么呢？如果要画反比例图像的话，应该如右侧下方的图那样，是两条曲线。虽然是曲线，但这并不表示反比例是二次函数。

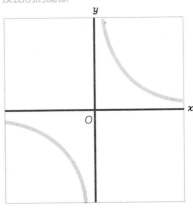

反比例的图像

 咦？是曲线又不是二次函数，那是什么关系呢？

 $y=\dfrac{1}{x}$。x 做分母。<u>这才是反比例关系。它既不是一次函数也不是二次函数</u>。比例是一次函数，而反比例完全不同，千万不能搞混了。

 噢，既不是一次函数也不是二次函数（好麻烦）？
反比例函数的图像也是曲线，那如何与二次函数进行区分呢？

这个问题问得好！反比例函数的曲线，想与 x 轴和 y 轴相交，但永远不能相交，只能无限接近。
就像图中这样。

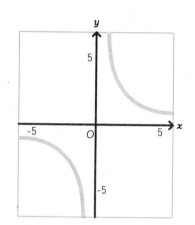

原来如此。**就是说 x、y 的值只能无限接近于 0。**

对。在初中数学里，关于反比例函数你了解这些就足够了。
我觉得最大的问题就是，"反比例"这个名字取得太差劲了。

对一般人来说，看到"反比例"这个词，就会想到"把比例反过来"，知道比例的图像是直线，所以会认为反比例的图像也是直线，根本不会往曲线上想。
我也觉得前一页图中出现的那种由左上方向右下方倾斜的直线应该叫"反比例"，这样才便于大家理解。但是，前人把"反比例"这个名字送给了双曲线，我们也没有办法。

⇨ "反比例"函数的折中关系

那什么时候、什么情况会用到反比例呢？

我举个例子吧，比如我要做比萨。

假设我的面粉只够做一张面积为 500 cm^2 的比萨（为了简化题目，这里我们规定不管制作什么形状的比萨，厚度都一样）。我想做一张长方形的比萨。

这时，如果我想让这张比萨更长，就必须缩短它的宽度，因为面粉的量是一定的。

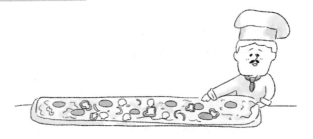

噢，这就是一种折中关系。

下面我们用式子来表示刚才那道题，长方形的面积 = 长 × 宽，所以式子应该是"长 × 宽 =500"。

如果我们把它变成函数式的话，那么，

〈比萨长与宽的关系〉

$$宽 = \frac{500}{长}$$

也就是说，**分母上的"长"越大，"宽"就越小。**

这种情况下，我们就说 "长和宽成反比例关系"。

原来如此。我想到一个例子，假设有一种商品的总市场份额为 10 亿
日元，只有 A 和 B 两家公司生产这种商品，如果 A 公司占有的市场
份额提升了，那 B 公司的市场份额必定下降。但这两家公司的市场
份额之间的关系**并不是反比例关系**，对吧？

你说得太对了。

你举的这个例子，我们来列个式子，

А 公司的市场份额（x）+ В 公司的市场份额（y）

= 这种商品的总市场份额（10 亿日元）

于是，

$x + y = 10$

转换成 $y =$ 的形式，得到

$y = -x + 10$

也就是说，**这是一个一次函数，我称之为负比例**（请参见第 173
页上方的图）。

这就等同于"A 增加了，B 就减少"。

但是因为很多人对反比例有误解，分不清反比例与负比例的区别，
所以说的时候常会引发歧义……

就是啊。我们模拟一个情景，使用一下试试看。比如，你遇到了一个非常了不起又聪明的总经理，你告诉他："总经理! 这不是反比例，这是负比例!" 没准他心里会想："这小子可以呀，说到点子上了。"

但如果遇到不懂数学的总经理，他可能会想："这家伙说的是什么呀? 乱七八糟的!"

确实，这就是现实，我不能否认存在这种危险性（笑）。

对了，我想起来了，还要给你讲点题外话。反比例中的 $\dfrac{1}{x}$，可以称为 x 的"倒数"，x 和 $\dfrac{1}{x}$ 互为倒数。根据 $y=\dfrac{1}{x}$ 这个函数，我们可以说，y 和 x 成反比例关系。也可以知道，y 和 x 的倒数 $\dfrac{1}{x}$ 成正比例关系。

咦? 倒数? 是不是乘积为 1 的两个数? 用这个概念来理解比例和反比例的关系，似乎容易接受一些。

另外，教授，反比例函数中也有 x，而且是一次的，就不能说反比例函数是一次函数吗?

从数学的意义上讲，反比例函数也可以叫作"负一次函数"，但我们很少这么说。

嗯，我明白了。

数学中的一些固定概念，你只要记住就行了。在当前阶段，你不用深究它的原因。

我再多给你讲一点，$\dfrac{1}{x}$ 在高中数学中，也可以写作 x^{-1}。所以，反比例函数也可以称为"负一次函数"。

自然界中充满了二次函数

你知道吗？二次函数的抛物线，和我们的日常生活有密切的关系。

举例来说，请你把手里的橡皮扔到墙角的垃圾桶里。橡皮在空中运动的轨迹，就是一个倒 U 形的抛物线，可以用二次函数表示出来。也就是说，在自然界和我们的生活中，二次函数随处可见。

在棒球比赛中，投手为了让击球手打不到球，会尽量让球飞行的轨迹变得古怪，让击球手难以判断。其实，不管球的飞行轨迹多么古怪，我们都可以在投球抛物线的基础上，加上空气阻力、球的旋转方向等因素，将它计算出来。

如果在没有空气阻力的环境中，投出的球又没有旋转，那么球的飞行轨迹就更加单纯了，就是一条标准的抛物线，肯定以 U 形曲线的中轴线左右对称。证明了这一点的人正是科学天才——牛顿。

火箭、人造卫星、导弹等的运行轨迹，都可以通过二次函数计算出来，让我们知道以什么角度发射，它们将落到哪里。

我们常见的抛物面天线，也是利用二次函数制作出来的。

电波和光一样，碰到物体会反射。在抛物面天线中，不管电波碰到哪里，都会反射到一个点。我们可以把接收装置放在这个点上，然后就能更高效地接收电波信号了。可是这个点在哪里呢？这就要利用二次函数来计算了。

第 5 天

游刃有余！
轻松掌握初中
数学中的
"图形"

掌握了"三角形"和"圆", 关于图形的知识就没问题了

初中数学的最后一部分是"几何（图形）"。几何很直观，不难理解，而且和现实中的问题有着非常紧密的联系。

➡️ **世界上到处都是三角形和圆**

初中数学，我们学到现在就只剩下几何了。因为几何的世界就是图形，都是我们能够看见的，所以只要你牢记图形中的各种公理、定理，就能掌握学习几何的窍门，真的一点也不难。
在数学的三大领域中，几何，可以说是最古老的一个领域。

"想测量"，几何就是从这个欲望出发创立起来的学问吧？

对。几何就是研究图形的各种性质的学问，其中最重要的图形就是"三角形"和"圆"。

三角形和圆？为什么呢？

三角形　　　　圆

图形的最小单位你知道是什么吗？是"点"。两个点可以确定一条"线"。三条线就可以组成一个"面"。

嗯。

也就是说，**面的最小单位是由三条线构成的三角形**。不管是多少条边的多边形，它都是由三角形组成的。

啊……这么说的话，制作 CG（电脑动画）时，用的最基本的图形也是三角形了？

没错。制作电脑动画的时候，虽然也会用到四边形和其他的多边形，但画面基本上都是由最小单位的三角形组合而成的，哪怕是立体的人物形象，也是由三角形组成的。因为不用三角形的话，就无法构成"面"。所以，在学习几何的时候，理解三角形的性质非常重要。因此，初中数学中的几何也把三角形作为一个重点来教。

我明白了。

在三角形中，**第一重要的性质就是** "直角（90 度）"。

咦？直角？我有点意外……

在我们的生活中到处都是直角，比如你眼前的这块黑板、纸、书……都有直角。直角是个相当深奥的东西。
谁都会画三角形，但如果无法深刻理解直角的概念的话，也就无法灵活掌握三角形的性质。

不懂直角，就没法测量三角形，是吗？

没法测量只是一个方面，如果不懂直角，那么我们在很多方面都会寸步难行。**有了"直角"这个概念，我们才能理解各种几何法则。在各种几何法则中，最重要的是** "毕达哥拉斯定理（勾股定理）"。这个定理可以说是初中几何中的大 boss。

就是这个人

毕达哥拉斯
（公元前 580 至公元前 570 之间—约公元前 500）

除了三角形，圆也非常重要。水井、柱子、桶等，从古时候起，我们就开始和圆打交道了。

总而言之，**三角形和圆是图形的基本元素，学好它们的性质，就是学习初中几何的最终目标。**

　给小猫盖房子，我们请毕达哥拉斯来帮忙！

可爱的小猫又要登场了，这次我们来给它盖个小房子。

为了便于说明，在解说的过程中我会使用一些符号。

首先，我们已经有了一面高 60 cm 的墙壁。我把这面墙壁称为"墙壁 a"。我们要以墙壁 a 为一面墙，为小猫盖一个房子。这个房子从侧面看，是一个直角三角形。

因此，除了墙壁 a，我们还需要地面 b 和屋檐 c。

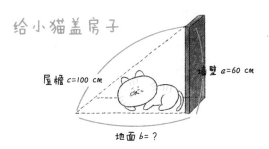

给小猫盖房子

屋檐 c=100 cm

墙壁 a=60 cm

地面 b= ?

又是小猫？

对，世界上最可爱的小猫。

在刚才给出的条件中，我们知道有墙壁 a，有地面 b，墙壁和地面呈直角。只需要搭建一个倾斜的屋檐 c 就行了。

嗯。

而且，屋檐 c 的长度已经确定了，是一张长 100 cm 的板子。只要把这块板子搭在墙边就行了。但我们想知道的是，按要求搭好之后，地面 b 的长度是多少。

我记得当初好像学过怎么求地面 b 的长度，但……现在已经想不起来了（笑）。

如果你能求出来，基本上就可以打败三角形中的大 boss 了。

这道题的关键，就在于我讲过多次的"直角"。这个小房子的横截面就是一个**直角三角形**。

如果这道题中的墙壁 a 和地面 b 的夹角不是直角，而是其他角度的话，解这道题就必须用高中的三角函数的知识了，计算也会变得非常麻烦。

但如果是直角三角形的话，就可以用毕达哥拉斯定理来计算了，是吧？

没错。我先说结论吧，在直角三角形中，"**斜边的平方等于两条直角边的平方和**"。

这就是 "毕达哥拉斯定理"，也叫 "勾股定理"。

在这道题里的直角三角形中，你认为哪条边是最长的斜边？应该是屋檐 c。于是，根据毕达哥拉斯定理，我们可以列出等式 "$a^2+b^2=c^2$"。

接下来把数字代入这个式子，就能求出结果了。

对。a 是 60 cm，c 是 100 cm，所以，$60^2+b^2=100^2$。

噢，这就是一个简单的二次方程式呀。

没错。你看这个式子就很好计算，看来你的代数已经学得很扎实了（笑）。

我们来计算一下。

$$3600 + b^2 = 10000$$
$$b^2 = 10000 - 3600$$
$$b = \pm\sqrt{6400} = \pm 80$$

b 是长度，肯定是正数，所以答案是 80 cm。

谢谢！喵！♡

所以，**地面 b 的长度是 80 cm**。

噢……这就做完了。

 在公元前，毕达哥拉斯看到自己得到了这个结果，肯定会跑上大街，拍手欢呼："哇！我有了一个了不起的发现！"（笑）对后人来说，没有比这更简单、更方便的几何定理了。

 真是一件超级方便实用的武器啊。直角三角形，对制造各种东西的人来说，几乎每天都要用到吧。

 是的。我们在日常生活中是无论如何也离不开图形的。

我们要在纸上画一个直角，可以利用笔记本、铅笔盒的直角部分，描一个出来。但是，要在现实世界中画一个很大的直角，就很容易产生较大的误差。

 所以，如果懂得毕达哥拉斯定理的话，在现实中就能画出精确的直角了。

 看来你也察觉到了。可见毕达哥拉斯定理的用处有多大。但是，正因为我们会频繁用到这个定理，所以我们就更应该了解它的证明方法，这样用起来才安心嘛。

我就是想告诉大家，毕达哥拉斯定理是人类智慧的结晶，是一大宝物！

接下来您是不是要说，"到这里，初中几何我们就学完了"？

非常遗憾，不但没学完，而且可以说接下来才要真正进入正题（笑）。

为了告诉大家，不管在什么时候、什么地方，毕达哥拉斯定理都是正确的，我必须证明在直角三角形中"$a^2+b^2=c^2$"。

您能证明吗？

当然能。这个和二次方程式与解的公式之间的关系类似，记住公式只是第一步，我们还要知道这个公式是怎么推导出来的。

好了，接下来我们就一起来证明毕达哥拉斯定理吧。

 毕达哥拉斯定理有多种证明方法

我们来证明在直角三角形中，"$a^2+b^2=c^2$"，而且，要用三种方法来证明。

咦？有那么多种证明方法？

哈哈，你想得太简单了。实际上，证明毕达哥拉斯定理的方法起码有一千多种（笑）。

在数学爱好者网站上，专门有证明毕达哥拉斯定理的分区，很多证明爱好者都会把自己发现的新方法发表出来供大家参考。

 哇！我真是孤陋寡闻（笑）。
在这个世界上，喜欢锻炼思考体力的人还真多呀。

 你这么说也对，但我觉得毕达哥拉斯定理本身确实很美（心驰神往状），所以才有那么多人为它着迷。我会用三种方法证明毕达哥拉斯定理，在这个过程中把初中几何涉及的图形性质都教给你。

通过学习"三角形"和"圆"的性质，攻克初中几何！

第5天

第 2 小 时

毕达哥拉斯定理的证明
（1）——使用"组合"

世界上最美的定理之———毕达哥拉斯定理。现在我就教大家三种证明这个定理的方法。第一种方法是将直角三角形组合起来，这也是最简单的证明方法。

⇨ 组合之后我们可以看到什么？

我们先从最简单的证明方法学起。

这是一种使用"**图形组合**"的方法。首先，将四个完全相同的直角三角形按下图的样子拼接起来。注意每个三角形的朝向。组合好之后，你会发现它们拼成了一个正方形。

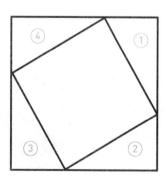

①—④是完全相同的直角三角形。

为什么是正方形呢？怎么证明它是一个正方形？

正方形的定义是什么？**"四个角都是直角，四条边等长的四边形就是正方形。"** 请看这个图形。每条边的长度都是 $a+b$ 吧？四个角也都是直角吧？所以，外侧的这个大图形就是一个正方形。

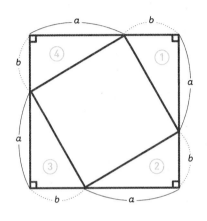

因为1—4都是相同的直角三角形，所以，外侧大四边形的每条边的长度都是 $a+b$。

而且，四个角都是直角。所以，它是一个正方形。

 噢，原来如此。像玩猜谜游戏一样，还挺有趣的。

 有趣吧？没骗你吧？你再看，大正方形里面还有一个四边形，每条边都是直角三角形的斜边 c，所以，我感觉这个四边形似乎也是个正方形……但它确实是正方形吗？

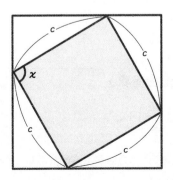

$\angle x$ 是直角吗？

噢。就是图中这个蓝色的四边形吧。

为了证明这个蓝色的四边形也是正方形，**我们必须证明∠x 是直角**。我们姑且假设它是直角吧。

这样一来，你能发现这个图中存在什么样的关系吗？

"外侧整个大正方形的面积"等于"四个直角三角形的面积"加上"里面蓝色小正方形的面积"。

讲到这里，你明白吗？

嗯，明白。

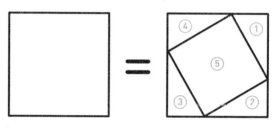

大正方形的面积等于①—④四个直角三角形的面积
加上小正方形⑤的面积

接下来我们把这个等量关系写成式子。

外侧大正方形的边长是 $a+b$。

〈求外侧大正方形的面积〉

$$(a+b)^2 = 4 \times \left(\frac{ab}{2}\right) + c^2$$

直角三角形的面积 ×4   内侧小正方形的面积

我们用乘法分配律和代数中的其他方法将式子展开。

$$a^2 + 2ab + b^2 = 2ab + c^2$$

等号左边的 $2ab$ 和等号右边的 $2ab$ 抵消了，于是得到，

$$a^2 + b^2 = c^2$$

好的！这不就是毕达哥拉斯定理吗？

 哇！对呀！不知道为什么感觉特别美妙……

内错角、同位角、对顶角是三个厉害的武器

 先别高兴得太早。刚才我们是假设 $\angle x$ 是直角，才得到了那样的结果。但我们必须证明 $\angle x$ 是直角才行啊。在证明 $\angle x$ 是直角之前，我先给你讲讲有关角的三个性质。

 只有三个吗？

 怕你一下子消化不了，先讲三个我们
要用的（笑）。
我们先从简单的开始。
如右图所示，这里有一个三角形，任
意的三角形就行，不一定非得是直角三角形。

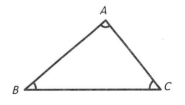

这个三角形的三个内角分别是∠A、∠B、∠C。

首先，我们给∠B 的两条边做
延长线，于是在∠B 的对面就
形成了一个新角。这个**新角
和∠B 互为对顶角**。这就是
角的第一个性质——**对顶角**。

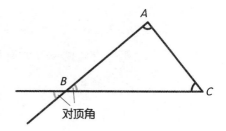

 画重点！〈角的性质（1）对顶角〉

**两条相交直线构成的角，相对的两个角互为对顶角，且角
的大小相同。**

接下来，如下图所示，我们过∠B 的顶点，做 AC 边的平行线。两
条直线平行，那么它们永远也没有交点。

这样一来，图中的∠C 和∠C′互为**内错角**，且角的大小相等。∠A
和∠A′互为**内错角**，且角的大小相等。这就是角的第二个性质——
内错角。

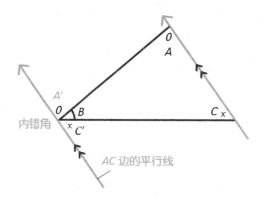

敲黑板 画重点！〈角的性质（2）内错角〉

两条平行线被第三条直线所截，内错角相等。

 咦？错觉？……还是幻觉？

 哈哈，不是错觉，是错角！

最后，和刚才一样，过∠B 的顶点，做 AC 边的平行线，还要像做对顶角那样，延长∠B 的两条边。这样一来，新出现的∠C″和∠C 是**同位角**，且角的大小相等。∠A″和∠A 也是**同位角**，且角的大小相等。这就是角的第三个性质——同位角。

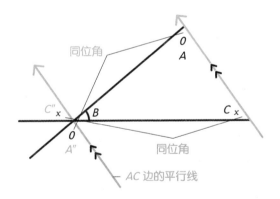

敲黑板 画重点！〈角的性质（3）同位角〉

两条平行线被第三条直线所截，同位角相等。

 哇！画了一些辅助线之后，感觉这个三角形已经面目全非了。

学习几何就要学会画辅助线，比如延长线、平行线、垂线等。关于角的三个性质，你直接记忆就行了，如果感兴趣的话，也可以自己去证明一下，在这里我就不花时间来讲了。总而言之，在学习几何的时候，想象非常重要。

 想象？这个我擅长啊！

 好的，那我现在就让你想象一下，我们当初的目的是什么（笑）？是想证明由三个直角三角形组合出来的图形中，中间那个蓝色四边形的∠x是直角，对吗？

 啊，是……好像是的（完全忘记了）。

 我们在刚才同位角的那张图中，加入∠A的内错角。结果，∠A的内错角、∠B、∠C的同位角正好组成了一个平角，也就是说这三个角的度数之和是180度。

而∠A的内错角=∠A，∠C的同位角=∠C，这意味着什么？意味着∠A+∠B+∠C=180度，即"**三角形的内角和等于180度**"。实际上，我们在小学就学过这个知识，现在只是证明了它。

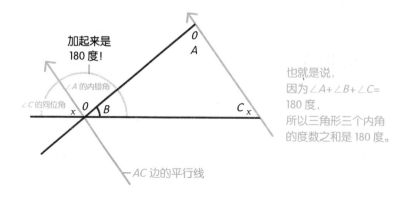

哇——！

我们再回到当初那个由四个直角三角形组合而成的大正方形上来。我们把直角三角形的三个角分别命名为∠A、∠B 和∠C，其中∠A 是直角。我们可以看出，和∠x 相邻的角分别是∠B 和∠C。

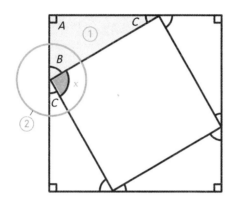

① 我们来看三角形 ABC，
∠A+∠B+∠C=180 度，
而∠A=90 度，那么，
∠B+∠C=90 度

② 再看图中圆圈里的部分，
∠B+∠C+∠x=180 度，
而∠B+∠C=90 度，
那么，∠x=90 度

到这里，毕达哥拉斯定理的第一种证明方法就全部学完了。

同时，初中几何里所涉及的基本工具我们也一并学了。

也就是说，在处理图形问题的时候，一定要画辅助线，对吧？通过辅助线找相同度数的角，然后用○或△等标记标注这些角，解题就容易多了。

你说得没错。画辅助线和做标记对几何来说非常重要。它们可以让解题变得非常简单。

 嗯。以后遇到几何题，我也要试着画辅助线、做标记。

 告诉你一个小窍门，先找内错角，再找同位角，最后找对顶角。这样一来，不管是多难的图形题，你都能找到灵感。

至此，初二的几何知识已经全部学完了，而且还学了一些初三的知识。

 还是那么快（笑）！

专栏

我的"理科"逸事，少年名叫"毕达哥拉斯"

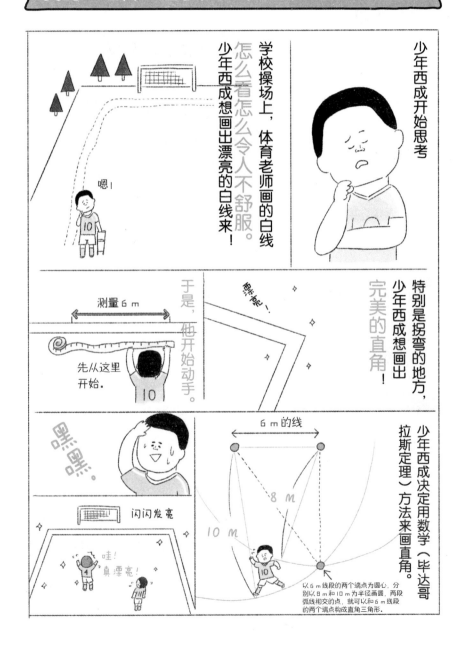

毕达哥拉斯定理的证明（2）——使用"相似"

证明毕达哥拉斯定理的第二种方法，我们使用"相似"。使用相似的两个图形，完美证明毕达哥拉斯定理。

⇨ "相似"的定义

再教你第二种证明方法。

这次我们使用"相似"。

相似？什么意思？

相似的英语叫作 similar。

是不是"很像"的意思？

不愧是文科青年。数学上叫"相似"。而我们通常讲的"很像"，并没有一个标准。

确实。我们平时说，"你长得和明星 A 小姐很像"，其实只是有相似的地方，但不可能完全一样。

你的分析很到位。几何中相似的定义是："**两个图形放大或缩小到同样的大小，是完全相同的图形，那么这两个图形就是相似关系。**"

 画重点！〈相似〉

两个图形放大或缩小到同样的大小，是完全相同的图形，那么这两个图形就是相似关系。

嗯……我举个例子，在几何的世界中，如果说"**这个人长得和刘德华 similar**"的话，**不是指他的五官、气质和刘德华很像，而是他完全就是刘德华的放大或缩小版**。对吧？就比如说，"哇！这个人就是刘德华的缩小版啊！"

没错。

就好比地图的比例尺。不管是一比十万的比例尺，还是一比一万的比例尺，所有的地图都是相似的。因为我们不可能将整个世界的版图一比一地绘制在一张巨大的纸上，所以我们就把实际版图缩小之后制成地图。

就好比画家对着富士山写生的时候，没有人会画得和实物一样大（笑）。他们只会画一个小比例的富士山。

看来相似的用途还是很广泛的啊（感慨状）！

在初中几何中，我们只研究最基本的平面图形，所以关于相似的知识也比较简单。

⇨ 寻找迷你三角形

 现在，我们先画一个大直角三角形。

然后我们再使用相似，画一些小的"迷你三角形"。

相似，通俗地讲就是**轮廓一样，只是大小不同。放在三角形中，彼此相似的三角形对应的内角的度数都应该相等。**

 那怎么画迷你三角形呢？

 最简单的方法就是从直角的顶点作一条与斜边垂直的线，这条线叫作"垂线"。

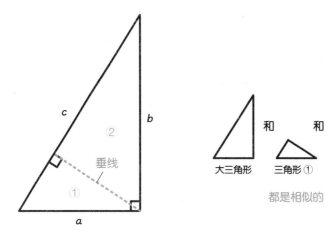

这条垂线把大三角形分成了两个小的直角三角形。

在这两个直角三角形中，我们将稍小一点的命名为①，稍大一点的命名为②。

实际上，直角三角形①和②以及原来的大三角形，都是相似的。也就是说，**它们虽然大小不同，但形状都是一模一样的**。

 咦？这么容易就作出了相似三角形？

 容易得令人不敢相信，是不是？

但是，光说相似不行，数学是非常严谨的，我们要证明一下这三个三角形是相似的。我要给图形补充一些记号。斜边 c 被垂线分割成两条线段，我们把其中较长的一条线段命名为 e，较短的一条命名为 d。

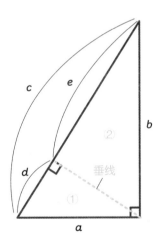

接下来，我们要把小三角形①和②进行旋转、翻转，让它们的摆放形态和大三角形一样。

要说把图形旋转，可能大家都好理解，但要把图形翻转，恐怕有些朋友就会觉得混乱了。

翻转？

 嗯，请你想象一下煎鸡蛋。煎好一面，是不是要把鸡蛋翻过来，煎另一面？这个动作就叫翻转。而把锅里的鸡蛋按顺时针或逆时针的方向转动，就不是翻转，而是旋转。明白了吧？

在这道题中，我们旋转、翻转三角形的目的是什么？**是要把这三个三角形的直角重合到一起。你想一下，不管是旋转还是翻转，三角形各边的边长、各角的角度都不会变，所以请放心大胆地旋转、翻转吧。**

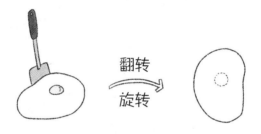

 但是，在头脑中想象这个过程不行吗？一定要画出来吗？

 要画出来，画出来对解题绝对有好处。在涉及相似图形的几何问题里，**最容易犯的错就是，只凭眼睛看、只靠头脑想象**。比如，"这条边和这条边应该是对应的吗？"像这种不求甚解的想象，很容易出错。

 如果这里出了错，恐怕整道题都会错吧。

 是的。在数学的世界中，每一个步骤都正确，才能保证最后的整体正确。所以，在寻找相似图形的时候，把几个图形按照相同的摆放形态重新画出来是非常重要的。

我们先通过旋转、翻转，统一这三个三角形的摆放形态。

然后再判断它们是否真的相似。

怎么判断呢？

很简单，对多个三角形来说，**只要它们的三个内角的度数分别相等，它们就相似。**

嗯，明白了。

我们先来看度数。之前也说过，解图形题，很重要的一点就是多做标记。标记，能辅助我们思考，会让图形变得更加清晰。我将大三角形除直角之外的两个角分别标记为 ∠A 和 ∠B。

不知道你注意到一个问题没有？**说几个三角形"只要它们的三个内角的度数分别相等"，就可以判断它们相似。其实，我们不用证明三个内角的度数都分别相等，只要证明其中两个内角的度数分别相等就行了。**

我完全没有注意到这个问题。您这么一说我才反应过来，确实如此，因为三角形的内角和是 180 度，如果两个三角形有两个内角都分别相等，那么第三个角肯定相等。

没错。只要有两个内角可以确定，另外一个内角就可以用 180 度减去那两个内角的度数之和算出来，所以另外那个内角也是确定的。因此，我们可以说，在两个三角形里，只要有两个内角的度数分别相等，这两个三角形就是相似的。

上图中，小三角形①的 ∠A 和大三角形的 ∠A 相等，再加上直角相等，所以它和大三角形是相似的。同理，小三角形②也和大三角形是相似的。由此我们可以得到，小三角形①、②和大三角形，这三个三角形是相似的。

确实如此。

判断两个三角形是否相似，还有一个方法，就是看它们对应的边的关系。**"一个三角形的三条边与另一个三角形的三条边对应成比例，那么这两个三角形相似"**，因为相似三角形有可能大小不同，所以对应的边的长度有可能不同，但对应的边的长度比例应该是一样的。

您一说到比例，我就有点迷糊了。

给你举个形象的例子吧，假设有一个人和刘德华相似，如果这个人胳膊的长度是刘德华胳膊的 1.2 倍，那他腿的长度也应该是刘德华腿的 1.2 倍。

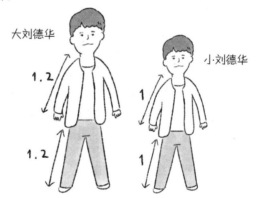

多亏了刘德华，我终于明白了。

敲黑板 **画重点!** 〈三角形相似的条件〉

（1）三个内角的度数都分别相等。
（2）相对应的三条边的比例一样。
（3）相对应的两条边的比例一样，且这两条边的夹角的度数相等。
→只要满足（1）—（3）中的任何一个条件，就可以判定两个三角形相似。
※ 关于条件（3），本书没有介绍，感兴趣的朋友可以自己去查一查。

大三角形的边 a 和 c 的比，与小三角形①的边 d 和 a 的比相等，我们可以得到如下式子：

$$\frac{a}{c} = \frac{d}{a}$$

大三角形的边 c 和 b 的比，与小三角形②的边 b 和 e 的比相等，我们可以得到如下式子：

$$\frac{c}{b} = \frac{b}{e}$$

一个三角形，自己两条边的比与相似三角形对应的两条边的比是相等的。到这里，你能听明白吗？

大直角三角形

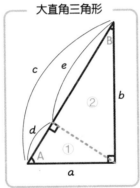
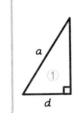
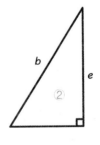

因为大三角形和小三角形①相似，所以，$a:c=d:a$，即

$$\frac{a}{c} = \frac{d}{a}$$

因为大三角形和小三角形②相似，所以，$c:b=b:e$，即

$$\frac{c}{b} = \frac{b}{e}$$

嗯……表示边与边比例关系的式子有很多吧？为什么非得列这种令人头晕的式子呢？

哈哈，确实有点混乱……
列这样的式子，目的是为证明毕达哥拉斯定理做准备，它只是说明一种事实，并不是为了解决某个具体问题。

噢，原来是这样啊。您这是在为证明毕达哥拉斯定理"埋伏笔"啊。虽然过程我可能不太明白，但最后肯定能抓住凶手，是这个意思吧？

 对。你现在不明白也没关系，只要跟着我的节奏走下去，到最后一定能感受到"剧情大逆转"的感动。接下来，我还要对上面的式子进行变形，也许你依然看不明白，但**我保证最后一定能证明毕达哥拉斯定理**，所以，你就先耐着性子看吧。

 遵命！

 首先，我们来处理 $\dfrac{a}{c} = \dfrac{d}{a}$ 这个式子。等号两边同时乘 ac。

等式两边同时乘相同的数，等量关系不变。

$$\dfrac{a}{c} = \dfrac{d}{a}$$

$$\dfrac{a}{c} \times ac = \dfrac{d}{a} \times ac$$

↓ **等号两边同时乘** ac

$$a^2 = cd \quad \cdots\cdots ①$$

然后处理 $\dfrac{c}{b} = \dfrac{b}{e}$。这次等号两边同时乘 be。

$$\dfrac{c}{b} \times be = \dfrac{b}{e} \times be$$

$$ce = b^2$$

↓ **等号两边交换一下位置**

$$b^2 = ce \quad \cdots\cdots ②$$

嗯。

 接下来就要进入关键部分啦，你做好准备了吗？其实做出下一步，需要相当厉害的想象力，**让我们把两个式子加起来，看看会出现什么结果**。等号左边加左边，右边加右边。

> 式①的左边加式②的左边，式①的右边加式②的右边，结果得到，
>
> $a^2 + b^2 = ce + cd$

 咦？感觉和毕达哥拉斯定理的式子越来越接近了……

 没错，已经很接近了。我们把注意力放在等号右边的 $ce+cd$ 上，ce 和 cd 都有 c，我们用提取公因式的方法把 c 提取出来。得到，

> $a^2 + b^2 = c(e + d)$
>
> 这个是什么？ ↑

我们再把之前的图拿来，你仔细看一看。
$e+d$ 在图中是什么？

 啊！是 c！

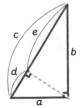

没错！那也就是说，

$$a^2 + b^2 = c\,(e+d)$$
$e+d$ 等于 c，于是
$$a^2 + b^2 = c^2$$

$a^2+b^2=c^2$ 就是毕达哥拉斯定理的式子呀，证明完毕！

哇——！算来算去，最后竟然变成了毕达哥拉斯定理的式子！
太神奇了！

怎么样？是不是很感动？好了，用相似的方法证明毕达哥拉斯定理
我就讲完了，你明白了吗？而且，我们还复习了相似的概念和用法。

    使用辅助线

刚才用相似的方法进行证明的时候，我感觉一开始作的那条垂线是
关键所在。如果没有那条垂线，也不会出现小的直角三角形，什么
d 呀，e 呀之类的边更是无从谈起。

你总结得很好。毫不夸张地说，解决图形问题，在很大程度上取
决于辅助线怎么画。
遇到图形问题的时候，我们应该先尝试画辅助线，然后用记号或文字
标注出那些线段和角。在这个过程中，没准我们的头脑里就会闪现
出"啊！原来这两个角是 ×× 的关系！""原来可以列出 ×× 的等
式！"等类似的灵感，这往往会指引我们一步一步地走向真相……

看来解决图形问题，也需要基础、踏实的努力，并不是靠花里胡哨的空想就可以。

 没错。"不管有没有用，先把辅助线画出来再说！" **这种不怕失败的挑战精神，是解决图形问题的关键**。

画辅助线的常用方法，一般有四种。

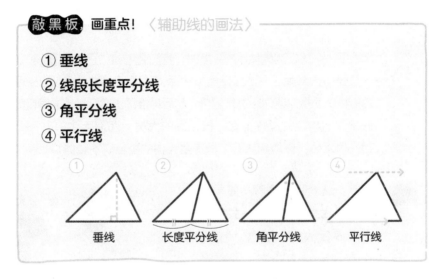

敲 黑 板，**画重点！** 〈辅助线的画法〉

① **垂线**
② **线段长度平分线**
③ **角平分线**
④ **平行线**

① 垂线 ② 长度平分线 ③ 角平分线 ④ 平行线

根据实际情况画出辅助线，再标注出对顶角、内错角、同位角等要素，说不定我们就能发现解题的线索。

 除了这四种方法，再画其他的辅助线，是不是意义不大？

 除了上述的四种方法，还有一种比较重要的是，**"如果图形与图形有交点，那么我们就把交点连起来"**。

除此之外的辅助线，一般不能体现图形的性质，反而会增加无用的未知要素，干扰我们的思路。

听您这么一讲，我的理解是，画辅助线的目的是让我们更容易地找到适用的数学工具，比如"内错角"和"毕达哥拉斯定理"，然后再用这些工具来解题。

 建筑、测量等工作都离不开相似

对了，教授，之前您说"相似是一个非常重要的概念"，请问，相似在现实生活中有什么用处呢？

用处很大。比如测量物体的高度时，我们会用到"**三角测量法**"。如果一个物体太高大，没法直接测量的话，我们可以利用相似的原理，对目标物体的相似迷你版进行测量，然后再推算出实际物体的高度即可。假设你们学校的操场上有一棵很高的大树，而你手头只有一个卷尺和一根木棒，你能用这些工具测量大树的高度吗？我能。

哎呀，这个我不会呀！如果以后女儿问我大树的高度，我回答不出来多丢人啊！所以，教授请你教我测量的办法，我希望以后女儿用崇拜的语气对我说："爸爸，你真厉害！"

很简单的，保证你一学就会。
我们假设那根木棒的长度是 1 m。首先，我们离开大树一定的距离，把木棒垂直立在地面上。
然后我们趴在地面上，从木棒的后面看大树，调整自己所处的位置，让木棒的顶端和大树的顶端重合；然后按照自己眼睛的位置在地面上做一个记号，接着用卷尺测量这个记号到木棒的距离，再测量记号到大树的距离。

假设记号到木棒的距离是 2 m，记号到大树的距离是 20 m。

如果距离太远，没办法用卷尺测量的话，可以用迈步测量的方式估算大概的值（一大步大约为 1 m）。

我们为刚才的测量做一个侧视图，再填入刚才测量出的数值。

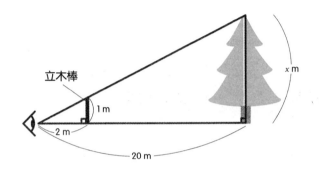

1 m 高的木棒和我的眼睛构成了一个直角三角形。大树和我的眼睛也构成了一个直角三角形，而且这一大一小两个直角三角形相似。

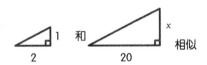

这两个相似三角形，边长的比率为 20 m ÷ 2 m=10。

也就是说，大树的高度也是木棒高度的 10 倍，即 1 m × 10=10 m。

 哇！好厉害！而且，比我想象的简单多了。

 相似虽然简单，用途却非常广泛。在天文学、航海中都会用到相似。

第5天 | 第**4**小时 | 毕达哥拉斯定理的证明（3）——使用"圆的性质"

第三种证明毕达哥拉斯定理的方法，我们要用到"圆"。借证明的过程，我们还可以复习一下圆的性质。实际上，掌握了圆的性质，能让你对图形问题有更深刻的理解。

➡ **圆满带来的感动！——"圆周角定理"**

 第三种证明毕达哥拉斯定理的方法，我们要用到"圆"。但**这种证明思路在毕达哥拉斯定理爱好者中并不常见**，不过为了帮大家复习初中几何中有关圆的知识，我还是决定把它拿出来讲一讲。

 也就是说，这是一种很少有人知道的证明方法？

 实际上……这是我为了"应付"你，专门想出的一种方法，至于有多少人知道，我就不清楚了（笑）。

这次的伏笔要埋得更久一些，要把圆和三角形联系起来，你应该先了解两个重要的性质——**"圆周角定理"**和**"圆幂定理"**。
在讲完这些定理之后，我会用类似于"相似"的方法，给你证明毕达哥拉斯定理。

 感觉要走很长的路，才能到达终点啊。不过您告诉我这些，我在心理上就有准备了（笑）。来吧！

那我先从圆周角定理开始讲起。这是几何中一个非常方便又重要的定理。

我们先画一个圆，再在圆内画一个三角形 ABC，三角形的三个顶点 A、B、C 都在圆周上。如下图所示。顺便介绍一下，像这样，**多边形的所有顶点都在圆周上的情况，叫作"内接"。**

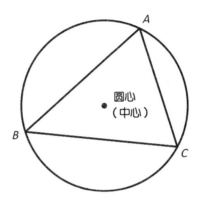

 对三角形的形状没有要求吗？什么三角形都行？

 对，任意一个三角形就行。

接下来，我们分别连接圆心和三角形 ABC 的两个顶点 B、C，于是，在三角形 ABC 中，又出现了一个三角形（请参见第 214 页上方的图）。

 这两个三角形看起来不是相似的关系。

 明显不是相似的关系，因为角的度数明显不同。实际上，**以圆心为顶点形成的角，其度数是 $\angle A$ 的 2 倍**，这便是**圆周角定理中的一条**。

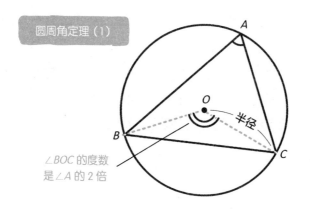

圆周角定理（1）

∠BOC 的度数
是∠A 的 2 倍

半径

噢——

为什么是 2 倍呢？我来给你证明一下。

首先，从三角形的顶点 A 出发，过圆心作一条直径。于是，∠BAC 就被分成了两个角，我们将其分别设为∠x 和∠y。

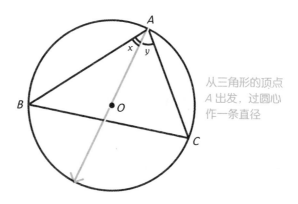

从三角形的顶点
A 出发，过圆心
作一条直径

接下来要进入重点了，我们通过圆心，作 AB 边和 AC 边的平行线。我们先作一条 AB 边的平行线吧。你有什么发现吗？

我看到了∠x 的同位角。

功力见长啊！确实，我们可以看到∠x 的同位角。

下面一个要点对你来说可能不太容易发现，我告诉你吧。三角形 OAB 是一个等腰三角形。为什么呢？因为它的两条腰是圆的半径。

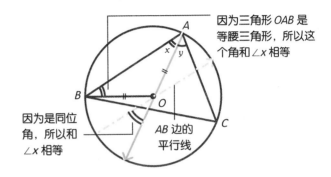

因为三角形 OAB 是等腰三角形，所以这个角和∠x 相等

因为是同位角，所以和∠x 相等

AB 边的平行线

哇！果然！您不说我还真没注意到。

等腰三角形的性质中除了有两条边的长度相等，还有一个性质是两个底角相等。所以，看图，这个角和∠x 相等。另外，你看到内错角没有？

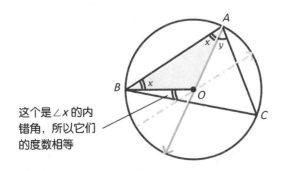

这个是∠x 的内错角，所以它们的度数相等

果然！

因为它们互为内错角，所以这个角也和∠x的度数相等。一个是同位角，一个是内错角，都等于∠x，所以它们的度数加起来就是2∠x。

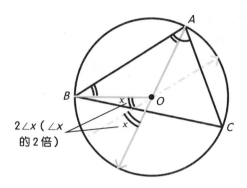

按照同样的方法我们可以得到，下图中这个角的度数等于2∠y。

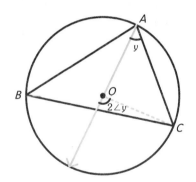

如下图，三角形OBC中∠BOC的度数为2（∠x+∠y）。

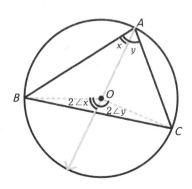

而∠x+∠y 就是∠A 的度数，所以三角形 OBC 中∠BOC 的度数就
是∠A 的 2 倍。

 太绕了，不过我明白了。

 我第一次看到这个证明方法时，也着实被感动了一把。顺便介绍一
下，这个圆周角定理，在初中学习圆的性质时，是最后才会学到的。
但通过我们刚才的证明，可以发现它也不是太难。

 但是，如果圆心并不在三角形里面，这个定理也适用吗？

 这个问题问得有水平。不过我可以告诉你，依然适用。你说的是不
是下图的形式？

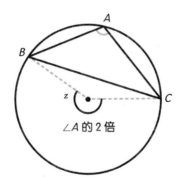

∠A 的 2 倍

在上图中，圆周角定理依然适用，∠z 是∠A 的 2 倍。不过在这种
情况下，要注意∠z 的位置。

 啊，确实，是朝上的角还是朝下的角，容易混淆。

 ∠z 是超过 180 度的那个角。

嗯，明白了。

要证明这种情况下的圆周角定理，和之前的步骤基本上一样。**还是从圆心引辅助线，再画两条平行线，利用同位角和内错角就能证明了**。

大于 180 度的角，对于像我这种对数学不太敏感的人，头脑不容易转过弯来。但您一说证明方法一样，我大体上就明白了。

是的。既然已经讲到这里，我不妨就利用这张图帮你复习一下初二几何中的"**圆和四边形**"的有趣性质。

在刚才的那张图中，我再在下方的圆周上点一个 D 点，构成一个四边形 $ABDC$。$\angle A$ 对面的那个角我们称之为 $\angle D$。

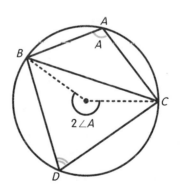

结果你猜怎么样？根据圆周角定理，与中心角 $2\angle A$ 有同一顶点，但方向相反的那个角，其度数是 $\angle D$ 的 2 倍。其实就和把证明圆周角定理时用的那个三角形，头朝下倒过来看一样。

嗯……没错。

请你只看圆心部分,以圆心为顶点的两个角,2∠A 和 2∠D 相加正好等于 360 度,即一周。

写成式子的话就是,2∠A+2∠D=360 度。

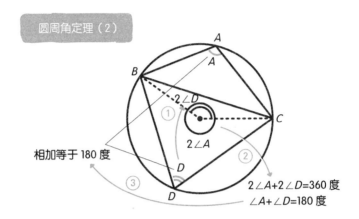

圆周角定理(2)

相加等于 180 度

2∠A+2∠D=360 度

∠A+∠D=180 度

这个式子中的 2 有点碍事,我们把它消掉,得到

∠A+∠D=180 度。

 嗯。那……这个式子表示什么意思?

 意思是 "**圆的内接四边形,相对的两角的度数之和一定等于 180 度**"。

 啊! 原来如此! 几何真是有趣! 原来很多东西都可以联系到一起。

 另外,关于圆的内接三角形,还可能出现下一页图中的形式,即有一条边刚好穿过圆心。

 感觉这是守规矩的乖孩子才会画出来的图(笑)。

嗯。不过也可能是想法独特，先从特例入手的孩子画的（笑）。在这种情况下，以圆心为顶点的角，度数为 180 度。也就是说，∠A 是它的一半，即 90 度，也就是直角。

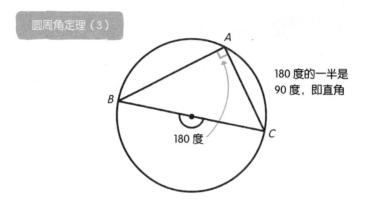

圆周角定理（3）

180 度的一半是 90 度，即直角

180 度

这也是希望你牢记的圆周角定理中的一条。"**圆的内接三角形，如果有一条边穿过圆心，那么这个三角形一定是直角三角形。**"

厉害！感觉圆周角定理简直是万能的！

不管怎样，你要先把（1）—（3）的圆周角定理牢记在心。

 画重点！〈圆周角定理〉

（1）以圆心为顶点形成的角，其度数是∠A 的 2 倍（第 213 页）。

（2）圆的内接四边形，相对的两角的度数之和一定等于 180 度（第 219 页）。

（3）圆的内接三角形，如果有一条边穿过圆心，那么这个三角形一定是直角三角形（第 220 页）。

⇨ **理解相似三角形！——"圆幂定理"**

接下来给你讲圆和三角形的第二个性质。

首先我们来画一个圆，再画一个三角形。但这次这个三角形不是圆的内接三角形。其中只有两个顶点在圆周上，而另一个顶点在圆的外面。对这个三角形的形状没有限制，任意的三角形即可。

接下来，我们关注一下这个三角形在圆外的部分，会发现这部分和圆周有两个交点。我们把这两个交点用线段连起来。

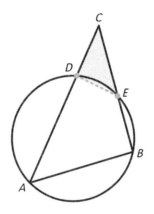

是的。两个交点分别是 D 和 E。这样一来，**三角形里就形成了一个小三角形**。

新画出来的小三角形，我们称之为三角形 *EDC*。**而三角形 *EDC* 和原来的大三角形 *ABC* 其实是相似的**。两个相似的三角形相对应的角都是相等的，如右图所示。

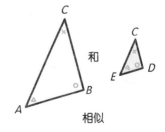

咦——真是不可思议！

这是第二个性质，"**圆幂定理**"。

之前我们提到过，"圆的内接四边形，相对的两角的度数之和一定等于 180 度"，而且证明过程也是在一瞬间就完成了。

这次，我们为了制作一个小三角形，画了一条辅助线，这样一来，就形成了一个内接四边形 ADEB，但这并不是我有意为之。

嗯，是的。

也就是说，∠B 和∠ADE 相对，所以这两个角的度数之和为 180 度〔圆周角定理（2）〕。换句话说，∠ADE=180 度 −∠B（下图中的①）。那么，∠CDE 的度数是多少呢？

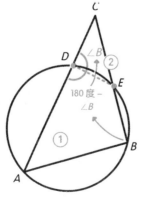

∠CDE 的度数是多少？
∠CDE=180 度 −∠ADE
　　　=180 度 −（180 度 −∠B）
所以，
∠CDE=∠B

嗯……用 180 度减去（180 度 −∠B），所以∠CDE 就等于∠B（上图中的②）。

这样，就证明完了（笑）。因为前面讲过，**"只要有两个内角的度数分别相等，即可断定这两个三角形相似"**。

嗯。有两个内角分别相等的话，第三个角一定相等。

没错。在这道题里，两个三角形原本就有一个共用角，这是肯定相等的，再加上我们已经证明了∠B 和∠CDE 相等，所以这两个三角形是相似三角形。

敲黑板 **画重点！** 〈圆幂定理〉

两个顶点在圆周上、一个顶点在圆外的三角形，和由其两边与圆的交点、圆外顶点所组成的小三角形相似。

➡️ **再来看看使用相似的证明方法**

以上，就是圆的相关性质，终于要进入证明毕达哥拉斯定理的环节了。这次我们用相似来证明。

终于快到终点了！

我们再画一张图。
画一条辅助线，再标上相应的记号。这些工作都是为了证明毕达哥拉斯定理，中途你不要问我："为什么要画这条辅助线？"那都是前人深思熟虑的结果。

明白了。

 首先，以直角三角形 ABC 的 A 点为圆心，以 AB 边为半径（b），画一个圆。延长三角形 ABC 的边 CA，使其与圆相交，交点为 D。然后连接 BD。于是，我们就看到了圆幂定理中的形式，三角形 CBD 的两个顶点（B 和 D）在圆周上，一个顶点（C）在圆外。画一条辅助线，将边 CD、边 BC 和圆的交点连接起来，制造出一个小三角形（图中的蓝色部分）。根据圆幂定理，我们知道，大三角形 CBD 和蓝色的小三角形是相似的。

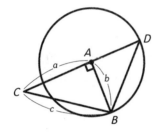 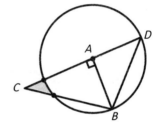

大三角形 CBD 和蓝色的小三角形相似

 嗯……

 在证明三角形相似时我提到过，相似的两个三角形，对应边的比是相等的。接下来，我们就活用这个性质来列式子。

 哇……这个有点跳跃啊。

 非常跳跃（笑）。接下来就需要多段思考力了，你要加油啊！首先我们来看边 a。从图中我们可以看到，边 a 由两部分组成，一部分在圆内，一部分在圆外。**在圆内的部分其实就是半径，因此和 b 相等**〔请参见第 225 页上方图中的（1）〕。

噢……这个还真是跳跃啊！

所以，边 a 在圆外的部分就可以用 $a-b$ 来表示〔下图中的（2）〕。这样一来，蓝色的小三角形的一边就可以用符号来表示了。在与其相似的大三角形中，与小三角形的这条边相对应的是边 c。这里明白吗？

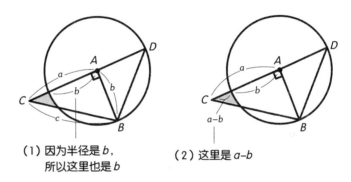

（1）因为半径是 b，
　　 所以这里也是 b

（2）这里是 $a-b$

原来如此，明白了。

这样一来，就找到了一组相似三角形的对应边。

接下来我们要关注的是，小三角形和大三角形最长的那条边。先看大三角形。大三角形最长的那条边是边 a 延长到圆周得到的。而延长的那部分就是圆的半径，即 b。由此可见，**大三角形最长的边为 $a+b$**〔下图中的（3）〕。

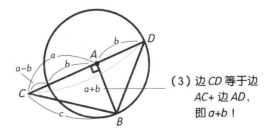

（3）边 CD 等于边
　　 $AC+$ 边 AD，
　　 即 $a+b$！

啊——对！

小三角形的最长边稍微有点麻烦。首先，我们从 A 点向边 c 作一条垂线。这条垂线和边 c 的交点到 B 点的距离，我们设为 e。

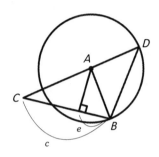

我们把注意力全部放到边 c 上，但此刻我们掌握的信息只有 c 的一部分是 e。接下来就要使用辅助线的魔法了。我们将边 c 与圆的交点和圆心连起来。结果就得到了一个等腰三角形〔下图中的（1）〕。

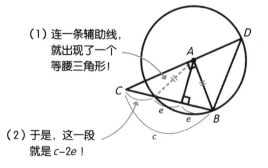

（1）连一条辅助线，就出现了一个等腰三角形！

（2）于是，这一段就是 $c-2e$！

哇！厉害！因为那个三角形的两条边就是圆的半径，所以它是等腰三角形。

聪明！

这个新形成的等腰三角形的底边由两个 e 组成，即 $2e$。我们当初作垂线的目的，就是要把这条底边分成两段。

于是，小三角形的最长边就等于边 c 减去 $2e$，我们用 $c-2e$ 表示〔第 226 页下方图中的（2）〕。这样我们就准备好了。

终于突破了重重难关！

再有一点就结束了！**因为大小两个三角形相似，所以它们对应边的比是相等的**。我们把两个三角形单独拿出来，就是下图的样子。

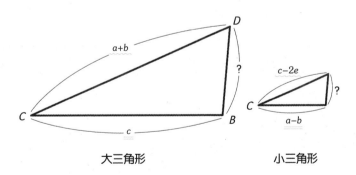

大三角形　　　　　　　小三角形

我们再使用圆幂定理，就得到如下的式子：

$$(a+b) : c = (c-2e) : (a-b)$$

变形后，

$$(a+b) \times (a-b) = c \times (c-2e)$$

我们再把这个等式进一步变形。

$$a^2 - ab + ab - b^2 = c^2 - 2ce$$
于是，$a^2 - b^2 = c^2 - 2ce$

感觉和毕达哥拉斯定理有点像了呢。

就是嘛。但最后的最后，还有一个难关，那就是我们设的 e，它还是个未知数（笑）。我们再画一次最初的那个直角三角形 ABC。然后请你回想一下相似的性质。后来我们又插入了很多信息，可能你已经把三角形相似的性质忘记了吧？我帮你回忆一下，我最初讲相似的时候就说过，"**直角三角形从直角顶点向斜边作垂线之后，我们就得到了三个相似的三角形**"（请参见第 200 页）。

好像有这回事（竟然全忘了……流汗）。

直角三角形 ABC 和斜边垂线分割出来的两个小直角三角形相似。我们选择直角三角形 ABC 和分割出来的最小的直角三角形，它们对应边的比是相等的。请看第 229 页的图，小直角三角形的边 b 和直角三角形 ABC 的边 c 是对应的，小直角三角形的边 e 和直角三角形 ABC 的边 b 是对应的。于是我们得到等式 $\dfrac{c}{b} = \dfrac{b}{e}$。

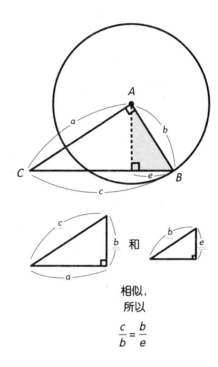

和

相似，
所以

$$\frac{c}{b}=\frac{b}{e}$$

分母看起来有点碍事，所以我们在等号两边同时乘 be，得到 $ce=b^2$。这下我们就可以求出 e 了，将等式两边同时除以 c，就得到 $e=\dfrac{b^2}{c}$。能用 b 和 c 表示 e，就没有必要再用 e 了。

呃……教授，我眼前好像有很多星星在转……

再坚持一下，马上就要登上山顶了！
之前我们推导出来的式子 $a^2-b^2=c^2-2ce$ 中含有 e，现在可以把 e 替换掉了，把 $e=\dfrac{b^2}{c}$ 代入前式。

$$a^2 - b^2 = c^2 - 2ce$$

把 $e = \dfrac{b^2}{c}$ 代入，得到，

$$a^2 - b^2 = c^2 - 2c \times \dfrac{b^2}{c}$$

$$a^2 - b^2 = c^2 - 2b^2$$

将 $-2b^2$ 向等号左侧移项，得到，

$$a^2 + b^2 = c^2$$

好了，毕达哥拉斯定理证明完成！

真……真的（感动）！

好了，我们已经用三种方法证明了毕达哥拉斯定理。而且，在这个过程中，我们把初中几何的所有知识点都复习了！

说实话，最后我还是有点晕（笑）。但和代数相比，几何更加直观，解题、证明题，就像猜谜一样，还挺有意思的。

总而言之，到此为止，初中数学的代数、分析、几何中的所有大 boss 都已经被打败了。恭喜你，可以从初中数学毕业了！

谢谢（满脸泪水）！

我的"文科"逸事，使文科复杂化

师 生
座 谈

初中数学攻略

在复习初中数学的过程中,我们打败了代数的大 boss "二次方程式"、分析的大 boss "函数",以及几何的大 boss "毕达哥拉斯定理",然后我们看到了什么?

⇨ **令人感动的最后一幕**

初中数学我们就全部复习完了,你也辛苦啦!

感谢教授!顺便问一下,如果让现在的我去考名牌高中,我能考上吗(惴惴不安)?

名牌高中的考题,多是应用题。说实话,我还不知道你能不能解出那些题。但经过这几天的学习,如果你再做几张名牌高中的历年数学考试卷,我想你应该能考出不错的成绩。至少看到那些题,不会发蒙。

能不能找到解题的线索先不说,至少我能知道这道题考的是什么知识点。

没错。这次,**我们以最短的路径复习了初中数学知识,基本上没有遗漏任何重要的知识点**。在编写这本书的时候,我研究了初中数学书,把其中的关键词都记在了笔记本上,下面是我的笔记,几乎囊括了初中数学所有的知识点。

请看！

No.

Date

Keyword　（关键词）

初一　自然数（正整数）

数轴　绝对值

乘法交换律　乘法结合律　乘法分配律

二次方　三次方　乘方　指数

（平方）　（立方）

倒数

项　系数　方程式　不等式　移项

一次方程式　比例式（$a:b=c:d$）　反比例

函数　变量　双曲线　坐标

平行移动　线段　弧　弦　二等分线　切线

扇形　圆心角　圆锥　角锥　正多面体　体积

初二　多项式　一次式　二次式　同类项

方程组　代入法　加减消元法

一次函数　　a：斜率

$y=ax+b$　　b：截距

内角　外角　对顶角　同位角　内错角　a／／b

全等　　　$a\text{-}b$　　$a\text{-}c$　　$b\text{-}c$

初三　展开　乘法公式　分解因式

平方根　$\sqrt{\ }$○　非负→限制→也可为负（高中才学）

无理数

二次方程式　（配平方法　解的公式　分解因式法）

$y=ax^2$　抛物线

相似　相似比　圆周角定理　牛达哥拉斯定理（勾股定理）

哇！真的！您太厉害了！初中数学的重要知识点都在这里了！

我的教法与学校的老师不同，我一下子就把你带到了山顶上。
然后，对于自己不太有把握或不太擅长的地方，再重点补习就可以了。

对像我这样学过数学，但掌握得不好的成年人来说，这次您带我进行复习，可以用"神速"来形容，在很短的时间内，就让我对初中数学的理解进了一大步。

对成年人来说，我觉得这样的复习方式是最好的。
对孩子来说，不仅要掌握知识点，还要应对考试，所以需要反复练习才行。但我的这套教学方法与教科书的教学顺序相比，效率要高很多。因为教科书把知识分成了若干单元，每学完一个单元，都要转换主题。而我的教学方法不会频繁转换主题，所以更有利于理解和记忆。

确实。如果时间充裕的话，我还想用教授教的方法复习一下高中数学。

嗯，用很短的时间就把初中数学复习了一遍，人的学习热情就被激发出来了，自然而然就想继续深入学习。

我现在就很有热情（窃笑）。

你的笑容怎么让我感觉后背发凉（害怕）？

哈哈，教授别害怕。这几天通过跟您学习，我明白了初中数学基本上可以满足我们在日常生活中的应用。但您也讲过，您说**微积分是高中数学（分析）的终极大 boss**，对吧？
您还特别称赞微积分是"人类创造出来的最高智慧"。

没错（态度坚定）！

那么，您能不能给我讲讲微积分的知识呢？
想当年，学习微积分的那段时间，简直是我的黑暗历史。现在，我想趁着学习热情还高涨，向我的心魔——高中数学——发起挑战！即使学不懂微积分也没关系，您只要让我认识到它的伟大之处和实用之处就行了。以后当女儿向我问起微积分的时候，我不至于张口结舌。

原来是这样啊。我倒是可以给你粗略地讲一讲，至于细节方面的知识，恐怕就要花点时间了。

不用讲细节方面的知识，我只想粗略地了解一下（还是不要讲得太细为好）！

看你的表情好像在说，"还是不要讲得太细为好"，是不是（笑）？
好吧，作为赠送课程，我就给你讲点高中数学的知识吧。

太棒啦！那我先谢过您了！

初中数学
学完了

Nishinari
LABO

第 6 天

【特别课程】
体验数学的
最高峰——
"微积分"！

小学生
也能学懂的"微积分"

在重新复习了初中数学之后，我重拾了对数学的信心。但高中的微积分课程，可以说是我的黑暗历史，也是我"数学过敏症"的根源。不过现在的我学习热情高涨，想重新挑战一下微积分，治好自己的"数学过敏症"。于是，我再一次敲开了西成研究所的大门。

➡ **丰田改善制造工厂的思路本身就是微分？**

　应你的请求，今天，我们就来学习分析的终极大 boss——"微积分"。

　感谢您容忍我的任性，接受了我的请求。说实话，微积分真的是我的心理阴影……

　确实，有很多人上学的时候都在微积分上栽了跟头。不过你放心，小学生都听得懂我讲的微积分，所以你跟着我的节奏走就是了。

　小学生都听得懂？！

　没错，我给小学生讲过微积分。但不要求他们计算，只要理解概念就行，结果他们都听懂了。

微积分中，最为重要的是微分的概念，我们就先从微分入手。

先说"分析"这个词，它是数学中的一个领域。但不同的人听到"分析"这个词，会产生不同的联想。在数学中，"分析"就是"**通过细分进行研究**"。不是粗略地研究整体，而是把问题细分成若干个小问题再分别进行研究，这就是微分。

微分的"微"，就是微笑、细小的意思吧？

差不多就是这个意思，英语中叫作 micro。"细微划分"，简称
"微分"。

说点题外话，我还是"日本国际消除浪费学会"的会长。除了本职
工作，我还把"改善"工作当作另一项毕生事业。

哇——厉害！所以，您对教科书中的"浪费"也非常敏感，对
吧（笑）？

没错！提到"改善"的话，在日本丰田公司可能是做得最好的。

这个我听说过，丰田公司创造了一套自己的"改善"方法，享誉世
界。"改善"这个日语词的发音，还被音译为 KAIZEN，成了英语中
的一个新词。

丰田式改善的窍门，就在于"细分到不能再分"。这甚至成了丰田公
司的一句格言。
**如果从整体上鸟瞰一个工厂，那么就不容易发现问题，或者说
容易漏掉很多问题。但如果把工厂中的每条生产线上的每道工
序进行细分，那么就很容易发现每个小单位存在的浪费问题了。**

而发现小问题，是改善整体的第一步。

所以，我认为丰田公司的那句格言，就是"微分的思维方式"。

⇨ 用一根头发就能帮我们理解微积分

 刚才您讲了微分，那积分又是什么呢？它和微分有什么关系呢？

 积分是"**细分的部分，再积累起来还原成整体**"。可以说，它和微分是正好相反的操作。

下面我给你介绍一个我给小学生讲微积分时常用的例子。

 噢……我能听懂吗？

 小学三年级以上的孩子都能听懂，你放心吧（笑）。

我先告诉孩子们："请你们测量一根头发的长度。"

每个人的发质不同，所以头发的形状也不同。即使是很直很顺滑的头发，单独拿出来一根的话，它也很难保持笔直的状态，一般都是弯曲的，这一点你能想象到吧。我需要让学生们把头发以

正常的弯曲状态粘在透明胶带上。

我跟学生们说："请借给老师一根头发。"

结果都会引来一阵大笑（笑）。

 这……您是自嘲的高手啊（笑）。

 这一点屡试不爽。找到头发后，我让学生把头发粘在透明胶带上，然后给他们一把直尺。

借根头发给我

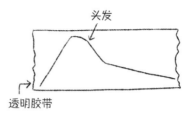

接着，我再告诉学生们："请你们用这把直尺来测量胶带上头发的长度。"结果你猜怎么样？学生们一阵七嘴八舌。有的说："这不可能！"有的说："尺子是直的，怎么测量弯曲的头发？"

但这个时候我并不会告诉他们方法和答案，而是问他们："真的吗？你们再仔细想想看？"结果过了一会儿，就有学生想出了办法，说："我们可以先把头发分成几段，再分段测量！"

啊——！原来如此！直尺是直的，这一点是无法改变的。但可以把头发比较直的部分分成一段，像这样把一根头发分成若干段，然后分段测量。同学们真聪明！

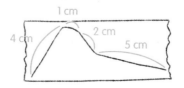

没错！**当孩子们产生这种想法时，我的教学目的就达到了。**
具体来说，就是从头发的一端开始，最初的 4 cm 比较直，就把它分为一段。接下来头发开始弯曲了，那我们就分得短一点，把相对较直的 1 cm 分为第二段。接下来第三段、第四段分别是 2 cm、5 cm。这样一来，我们就可以大体上测出这根头发的长度了。

只要把各段的长度加起来就行了。

对，简单吧？在刚才测量头发长度的过程中，**分段、测量就是微分**，**把各段的长度加起来就是积分。**

哇——！微积分原来就是这个意思啊！

越细分，问题点就越清晰

你看，不用晦涩难懂的专业术语，也能把微积分的概念讲清楚，你是不是深有体会？我再强调一遍，**"遇到大问题时就把它细分成自己能解决的若干个小问题"**，**这种思维方式非常重要。**所以，我觉得现在的教科书，到高中才初步涉及微积分，真的是太可惜了，应该在小学就教会孩子这种思维方式。

嗯。等我女儿再大一点，我在家里教她微积分的思维方式。

嘿嘿。

爸爸好厉害！

嗯，你一定要把微积分的思维方式教给你女儿。在刚才的例子中，我发给学生们的直尺实际上就是一次函数，所以是最简单的工具。等到了初中，学习了抛物线，就可以测量 U 形曲线了。

如果再学会三次、四次函数，那么更加弯曲、复杂的曲线也可以测量了。但如果掌握了微分的方法，用一次函数就足够了。

哇！又好理解，又好操作！

微积分在"理解、处理复杂事物"的领域里掀起了一场革命。因为微积分教会了我们用简单方法解决复杂问题。

通俗地讲就是，复杂问题经过细分，就能变成简单问题。变成简单问题之后，便可以测量、处理，这样也容易发现问题。将各个简单问题处理完毕之后，再把结果加起来就可以了。这就是微积分的基本思想。

但从概念上来看，微积分应该会有非常广泛的应用。

没错。我举个例子，比如有一个课题——"要让一支足球队变强"。如果只是训练球员们射门的技术、短跑冲刺的速度，那么这支足球队也不一定能变得更强。因为那些也许原本就不是这支队伍的弱项。但如果首先把球队面对的问题细分成若干个小问题，比如"先看球队的整体防守能力"，那么就有可能发现防守中存在的种种问题了。

嗯，确实，这样一来，就容易发现问题了。

嗯。在细分球队面对的问题时，还不能只停留在"进攻""防守"这样的层面上，还要细分到每个球员的问题。对于每一个球员，还要细分到其各个方面的能力。

比如，"A 君的问题是耐力不足，所以就应该有针对性地训练他的体能"，对吧？

正确！**分得越细，呈现出来的问题就越具体，解决方案也越有针对性**。最后，把所有解决的成果加在一起，就得到了总体的成果。不过，在实际操作中，数学中的积分可不像加法那么简单。现阶段，你只需要掌握这种思维方式即可。

您讲的这些已经让我受益匪浅了。了解了这些基本概念和思维方式，再学高中数学应该没那么困难了。我上高中的时候，如果有人对我讲这些话，我的人生道路可能……

➡️ **对微积分的需求从何而来？**

教授，对微积分的需求是从何而来的呢？就是为了"测量复杂曲线的长度"吗？

测量复杂曲线的长度是一方面需求，但实际上最重要的需求是"测量面积"。

刚才我举的一个例子，测量弯曲头发的长度，只是为了便于你们理解微积分的概念而已。但实际上，当初，微积分是为了"测量不规则图形的面积"而被创造出来的。

比如，有一个形状不规则的水池，有人问你："这个水池的面积有多大？"如果你回答，"不好意思，我只会通过长乘宽求面积。这个水池的面积我不会算"，那是不是很没面子？

想要测量不规则图形的面积，就是微积分诞生的原因。

噢——

解决不规则图形面积问题的突破口，就是微分的概念，"细分"即可。

我想到一个办法，先找很多面积为 1 m^2 的正方形木板，让它们排列漂浮在水池中。当木板把水池铺满后，再数一数木板的数量，加起来就可以计算出水池的大概面积。

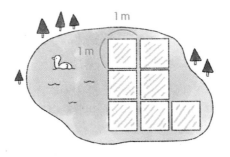

聪明！如果铺满水池需要 50 块木板的话，那水池的面积就是 50 m^2 左右。但是，这只是一个大概的数字，并不是精确的数字呀。对于那些弯弯曲曲的边缘地带，还是没法计算出其精确的面积呀。对严谨的数学来说，这是令人难以接受的。

那该如何是好呢？

噢……是啊。
再准备更小的木板？

哇！我发现你现在开窍了。没错，就是准备更小的木板。木板越小，最终结果的精确度越高。说到最极端的情况，就是"把木板变成'点'"。到时候，计算出的面积就基本上 100% 和实际吻合了。

噢，这个理论性就有点强了。

数学本来就是理论化、抽象化的学问嘛。可以说，微积分的关键点就是"细分到无限小"。在数学中，这个"无限小"的概念让很多学生难以理解。"用无限小的点来铺满整个水池，那到底需要多少个无限小的点呢？"这个问题，他们认为根本找不出答案啊。

关于那个水池，刚才我头脑中想象的还是田园中的一汪碧水，景致颇为美妙。可现在经您这么一讲，那个水池一下子离开了现实世界，变得抽象起来（笑）。

请放心，我们还会用积分把那个水池拉回到现实世界中。
原本，**数学就是"把现实中的事物带到另一个世界，经过一番计算，再把它拉回到现实世界中"的一个循环**。

"另一个世界"（笑）？
"无限小"也可以计算吗？

当然可以计算。能够计算"无限小"，也正是微积分了不起的地方。
实际上，数"无限小"，是积分要做的事情。
不管是多么不规则的水池，我们都能通过微积分来计算它的面积了。

怎么样？你想不想知道计算的方法？

当然想知道！我活了四十多年，这还是第一次对微积分产生了如此强烈的兴趣。

➡ **我们来看看微分的数式**

教授，我先问一下，微积分的式子是怎么写的啊？

微分用"d"来写数式。

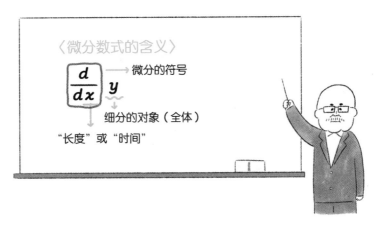

〈微分数式的含义〉

$$\frac{d}{dx}\,y$$

微分的符号

细分的对象（全体）

"长度"或"时间"

哇……原来长这个样子！

有点复杂吧。**微分的符号就是 $\dfrac{d}{dx}$，y 是微分的对象。y 可以是头发、水池，是指"整体"。**

咦？这个式子里出现的 x 代表什么呢？

啊，这个 x 请不要单独来看它，$\dfrac{d}{dx}$ 是一个整体。$\dfrac{d}{dx}$ 在物理中出现的时候，一般都是有关"长度""时间"的微分。也就是说，x 的含义多是"长度"或"时间"。从整体上看 $\dfrac{d}{dx}y$ 这个数式，意思就是"将整体 y，按照长度或时间进行细分的结果"。

那我举个例子，假设把一只股票的走势图进行微分的话，就是把整体行情按照时间进行细分的结果，对吧？再拿前面测量头发长度的那个例子来说，就是把整根头发按照长度进行细分的结果，对吧？

这两个例子你举得很恰当。

➡️ 我们来看看积分的数式

积分的符号非常独特，是用拉伸了的英语字母"S"来表示的。

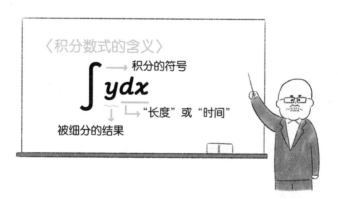

〈积分数式的含义〉

$$\int y\,dx$$

积分的符号

"长度"或"时间"

被细分的结果

看起来很简单嘛。但是，整个数式都是字母，我就搞不清主次了……这里的 y 是对象吗？

对。那个拉伸的 S 符号（整体、全部的意思）和右边的 dx，中间夹着一个 y，这个 y 就是对象。这次是积分，和微分相反，积分的对象 y，**意思是"把细分的结果代入其中"。dx 的含义和微分中的相同，还是"长度"或"时间"的意思。**

也就是说，整个积分数式的含义是"**y 按照长度或时间细分后，我们数一数 y 的结果**"。

噢——您用语言一讲解，我就明白了。

微分是细分，所以 y 表示"被细分的对象（整体）"。而积分是把细分的对象聚集到一起，所以 y 表示"把细分的结果代入其中"。对吧？

而 $\dfrac{d}{dx}$ 或 dx，就表示"长度"或"时间"。

我再补充一点，积分符号 $\int$ 的右上角或右下角常会出现 a、b 之类的字母。

这意味着起点和终点。

右下方的字母表示起点，右上方的字母表示终点。

▶积分数式的含义

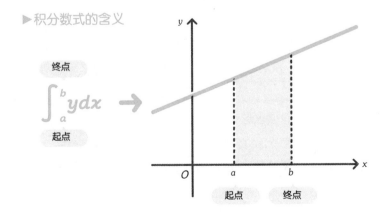

起点？什么的起点？

 进行整合工作的起点呀。

例如，我们在测量头发长度的时候，如果我们只想了解其中某一段的长度，就需要设定一个起点和终点。

 啊，明白了。就拿股票走势图来说，我想看这只股票最近一周的走势，只要截取这一周的一段图像即可。

 对。可能是"时间"的起点和终点，也可能是"长度"的起点和终点。无论如何，在**积分中都可以设定起点和终点**。

➡️ **阿基米德发现的奇迹法则**

 为了让你进一步体会微积分的威力，我再讲一些具体的微积分知识。

不过你放心，不会太难的。

我们学过了一次函数和二次函数，也会画函数图像了。
首先，一次函数的图像就是一条直线，对吧？

如果我们想求这条直线与坐标轴形成的三角形的面积，那只要用"长 × 宽 ÷2"即可。
为什么要除以 2 呢？因为那个三角形就是长宽形成的长方形的一半。

如下图中的三角形面积，就是 5×4÷2=10，小学生都会解。

▶一次函数的图像和 x 轴所夹的三角形的面积

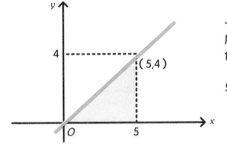

一次函数的图像和 x 轴所夹的三角形（图中蓝色部分）的面积为

5 × 4 ÷ 2 = 10

 嗯。

 那二次函数的抛物线又会是什么情况呢？请看下一页的图，曲线下方和 x 轴也形成了一个图形（蓝色部分），怎么求它的面积呢？

 这……不是一个规则图形，应该和求水池的面积时用的方法差不多。具体怎么做我就不会了。

 确实，这个图形中有一段曲线，求面积就没那么简单了。我们的祖先就曾被这样的问题困扰了很长时间。他们整天想："这种图形的面积该怎么求呢？"这也是我们祖先发明微分、积分的最初动机。

在这个图形中，我们知道横向的长度，也知道纵向的长度。但如果按照三角形的面积公式计算，肯定是不对的。

 因为有一段曲线，它是向下凹陷的，所以它的面积要比相应的三角形的面积小一点。

 你说得对！你能产生这样的感觉，非常好。

不能像求三角形的面积那样除以 2，我们该怎么办呢？答案是……

除以 3 就行了！

▶二次函数的图像和 x 轴所夹的图形的面积

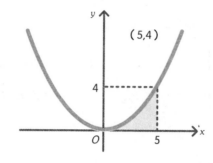

二次函数的图像和 x 轴所夹的图形（图中蓝色部分）的面积为

$$5 \times 4 \div 3 = \frac{20}{3}$$

除以 3 就行了！

 什么？这样就求出来了？

 是不是简单到难以接受？这是阿基米德这位科学巨人留给人类的知识宝藏。

 真的假的？

 当然是真的！我还有更具冲击力的知识要告诉你呢。

一次函数的图像和 x 轴形成的三角形的面积，用"长 × 宽 ÷ 2"可以求出。二次函数抛物线的情况，除以 3 就行了。而三次函数的情况，除以 4 即可。

 哇——！完全没听说过……

 微分用初中数学就可以解

 刚才讲的是积分知识，但我们这本书主要讲的是初中数学，而微分是可以用初中数学的知识来解的。我简要给你介绍一下解题的方法。

太好啦！我的"数学过敏症"，终于有救了。

一定帮你治好！我先以 $y=x^2$ 这个简单的二次函数抛物线为例进行说明。

我们知道，微分就是"细分"，那细分之后的结果是什么呢？是"**变化率**"。

我记得您在讲一次函数的时候，提过一个叫"**斜率**"的词，是不是就是一次函数的"变化率"？

对。借图进行说明可能更好理解，请看下图。图中是二次函数 $y=x^2$ 的抛物线，我们以 a 为间距对抛物线进行了细分。这个操作就是微分。

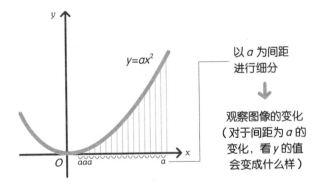

原来如此。看了图我就明白了一大半。

其实，微分并不是单纯地将对象进行细分，还要在细分的同时，进行观察、研究，并做好记录。

要记录什么呢？

记录"在点 x 处的 y 值"和"点 $x+a$ 处的 y 值"之间的变化率。换句话说，就是**对于间距为 a 的变化，y 值增加了多少或减少了多少。**

这个变化量……并不是固定的吧？

对，除了一次函数，其他函数的变化量都不是固定的。但有了微分，就可以详细记录它的变化了。

反过来，我们把记录下来的所有变化率全部合并起来，就可以得到最终的变化量。这就是积分要做的事情。

微分是记录"变化率"，积分是确认"变化量"。我总结得对吗？

没错，你还会总结了，给你点赞！

这是理解微分与积分差别的关键点。

举个例子，如果我们知道一家企业 10 年前的年度销售额，又有过去 10 年间该企业销售额增长率的数据，那么就可以计算出今年的销售额。

嗯，能算出来。那……如果知道一名棒球运动员的击球安打率，使用积分能不能计算出他现在的安打数？

在你给出的这个条件下，不行。因为你给出的安打率是一个比较笼统的数据，在细分的时候，间隔是不一样的，所以算不出来。如果给出的数据是该棒球运动员每四打席的安打率，那么就可以通过积分计算出来了。

噢，原来是这样。我大概能想象出来了。

⇨ 尝试解微分方程式

好了，接下来我就带你实际操作一下，对初中学的二次函数进行微分。在这里，微分就是研究二次函数的变化率。

我们看对于间距 a，y 值有怎样的变化。

我们先来确定两个点的 y 值，第一个是当 $x=p$ 时的 y 值，第二个是当 $x=p+a$ 时的 y 值。用第二个 y 值减去第一个 y 值，就是我们想知道的结果。然后再用这个差值除以 a，就得出了变化率。

那么，当 $x=p$ 时，y 值是多少呢？
请注意二次函数的式子。

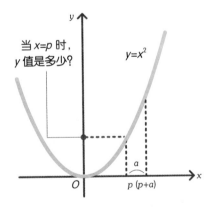

嗯……有了！因为 $y=x^2$，所以当 $x=p$ 时，$y=p^2$。

正确！同理，当 $x=p+a$ 时，y 的值就是 $(p+a)^2$。这便是图中两根纵向虚线的高度。

要求这两根虚线的高度差，只需要用到减法，即 $(p+a)^2-p^2$。我们把这个式子展开看看。

$$(p + a)^2 - p^2$$
$$= p^2 + 2ap + a^2 - p^2$$
$$= 2ap + a^2$$

结果，得到的是 $2ap+a^2$。这时，我们关注一下 a^2。前面讲过，微分就是细分，所以，**a 的值是非常小的**。

是的，您讲过，是无限小。

嗯，**无限小的数的平方，结果只会更小**。例如，0.1 的平方是 0.01。

于是，德国数学家、哲学家莱布尼茨经过思考认为，"如果一个无限小的数变得更小，那基本上就可以无视它的存在了"。意思就是"**这个数太小了，干脆把它消掉好了**"。

哇！这个想法有点大胆！

这正是莱布尼茨了不起的地方，我个人很欣赏他的这种思维方式。

不过，既然已经把 a^2 消掉了，我觉得留着 a 也没什么用了……

a 我们暂且保留它。
一会儿你就知道保留它的原因了。

通过上面的计算，我们知道，两根纵向虚线的高度差为 $2ap$。你还记得我们最初的目的吗？是计算变化"率"。对于间隔 a，y 只变化了 $2ap$，那么用 $2ap$ 除以 a 不就能得出变化率了吗？

〈计算变化率〉

$2ap \div a = 2p$

 啊！a 被消掉了（笑）。

 明白了吧？那么，得到的这个 $2p$，我们该怎么用它呢？我们微分的对象是什么？是 $y=x^2$。

 嗯，是的。

 那也就是说，**函数 $y=x^2$ 经过微分，变成了 $2x$**。刚才我们用的是 p，得到的变化率是 $2p$，但 p 可以是任何数字，因此它也可以用 x 表示。所以，$x=2$ 时的变化率就是 4，$x=3$ 时的变化率就是 6。

 嗯，明白。

 我把这称为"卸掉肩膀上的 2（平方）"（笑）。x^2 肩膀上的 2 变成了 1，然后在 x 前面乘 2，就是这个函数的变化率。任何一个二次函数都可以用这种方法来求变化率。

二次变一次？

 是的。通过细分，将二次变成了一次。将三次细分就变成了二次……它们之间就存在着这样的关系。

反过来，**将 $2x$ 这个变化率，转换成变化量 x^2 的过程，就是积分**。在这个过程中，次数要加一次。一次变二次、二次变三次……

▶微分，次数减 1；积分，次数加 1

你还记得吗？前面我们在求二次函数的抛物线和 x 轴夹成的图形的面积时，我说只要用相应的长方形面积"除以 3 就行了"。但是要做到那一步，我们首先还得证明"数列求和"的法则，后面至少还需要五个思考阶段。因此今天就学到这里，后面的内容就暂时不教你了。

 五个阶段……这……（还是饶了我吧）

不过，我已经大体上找到微分、积分的感觉了，至少可以给女儿讲个大概了。

 实际上，你已经掌握了微分二次函数的方法。**学习微积分最大的难点就是对概念的理解**，但看样子你已经理解了微积分的概念。换句话说，以你现在对微积分的理解，你完全可以大声说："我懂微积分！"

➡️ **精准击破初中、高中数学的大 boss！**

至此，高中数学的终极大 boss——**"微积分"**，也已经被我们击败了！

感谢教授的教导！我也从高中数学毕业啦！

可喜可贺！
涉及具体的计算，你可能还要再上几节课，多多练习才行。但现在，你起码敢说**"这个我懂""那个我明白"**。
尤其是成年人重学数学时，首先要搞清楚"我学这个干什么""和自己的生活有什么关系"，也就是弄清楚学数学的目的、作用。

反正这几天的学习给我带来了空前的成就感！**至少我能感觉到，自己的"数学过敏症"明显减轻了。**
以后，当女儿问我二次方程式的解法、微积分的概念时，我也不会发怵了。

这样就太好了！看来我没有白费功夫。

今后，我要作为文科人的代表，向同样患有"数学过敏症"的文科人宣传数学的趣味性，争取帮更多的朋友消除对数学的恐惧感。
最后，再次向您表示衷心的感谢！

完

后 记

这本"禁忌"之书终于完成了！这可不是一本谁都可以看的书。

那些认真学习的初中生，我劝你们千万别看这本书。

为什么这么说？因为这本书是以最快的速度、最短的路径教人掌握初中数学的知识。这可能是学校老师不太喜欢的"走捷径"学习法。

原本，这本书对读者的年龄限制是"十六岁以上"。那些曾经在初中、高中学习数学时遭遇过挫折，"不知道数学有什么用"，现在因为种种原因又不得不使用数学的大人，或者对数学又产生了兴趣的朋友，最适合读这本书。

初中生要勤勤恳恳学三年的数学知识，在我这里只需要花几个小时就基本上能掌握了。如果让初中生发现了这本书，他们就没有耐心再认真学习初中教科书上的知识了。

我认为学任何知识都有一个共通的道理——只有经历了刻苦、扎实的学习，然后再领会到"原来还有这样的窍门"，才能更加深刻地理解所学知识的真谛。

我上大学的时候，因为崇拜爱因斯坦先生，所以开始自学广义相对论。但广义相对论实在太难了，这让我一度受挫。

后来，一个偶然的机会我遇到了英国著名物理学家狄拉克先生所写的一本有关广义相对论的科普读物。我站在书店里读完了这本书的前言，结果令我感动不已。

前言中有一句话：

"通过读这本书，各位同学可以用最短的时间、付出最少的精力来攻克广义相对论中最难的地方。"

　　而且，和那些讲解广义相对论的大部头相比，狄拉克先生的这本书意外地薄！正是托了那本书的福，我用最快的速度、最短的路径，理解了广义相对论的理论核心。

　　我虽远远不及狄拉克先生的水平，但要说到初中数学，我也算个达人（如果这都做不到的话，我也没有资格做大学教授……）。

　　为了把狄拉克先生当年带给我的感动，传递给那些在初中数学中受挫的朋友，我编写了这本书。

　　虽然不知道最后到底能帮助多少人，但我确实认真思考了，把我对初中数学的理解，用最简单的方式写了出来。

　　我开创了一个研究交通堵塞的新领域，我称之为"堵塞学"。我正致力于用数学知识解决各种交通堵塞问题，希望为大家创造一个良好的交通环境。

　　在学习的道路上，我们也难免会遇到堵塞，有可能遇到窄路、上坡、急弯道等情况。在这些情况下，我们感觉自己一直停滞不前，然后就会焦急不安，甚至灰心丧气。但实际上，在我们的旁边可能就有一条既宽阔又畅通、距离还短的近路，只是我们还没有发现罢了。因为一般的地图上不会标出这条路。

　　这本书，就是为初中数学（外加一小部分高中数学）进行导航的"秘密地图"。

　　如果这本书能使大家在数学的世界中不迷路，走向最终的目的地，那么我会无比开心的。

　　可以说，初中数学是一切的基础。就连我一个数学教授，如今在思考很多问题的时候，都要用到初中数学。初中数学的应用范围是无限广阔的。

　　学好初中数学之后，我还是希望大家能把它应用到现实生活中去，用它来解决实际问题才是王道。

　　好了，朋友们，再见！相信我们一定还有再见的那一天！

西成活裕

二〇一九年　初春

TODAI NO SENSEI! BUNKEI NO WATASHI NI CHO–WAKARIYASUKU
SUGAKU WO OSHIETEKUDASAI! by Katsuhiro Nishinari
Copyright © Katsuhiro Nishinari, 2019
All rights reserved.
First published in Japan by KANKI PUBLISHING INC., Tokyo.

This Simplified Chinese edition is published by arrangement with
KANKI PUBLISHING INC.,
Tokyo in care of Tuttle–Mori Agency, Inc., Tokyo through Pace
Agency Ltd., Jiang Su Province.

著作权合同登记号：图字18-2019-340

图书在版编目（CIP）数据

数学原来可以这样学.初中篇/（日）西成活裕著；
郭勇译.—长沙：湖南文艺出版社，2020.6（2024.7重印）
ISBN 978-7-5404-9496-4

Ⅰ.①数… Ⅱ.①西… ②郭… Ⅲ.①数学–青少年
读物 Ⅳ.①O1-49

中国版本图书馆CIP数据核字（2020）第001320号

上架建议：数学·青少读物

SHUXUE YUANLAI KEYI ZHEYANG XUE. CHUZHONG PIAN

数学原来可以这样学. 初中篇

作　　者：	［日］西成活裕	
译　　者：	郭　勇	
出 版 人：	陈新文	
责任编辑：	刘诗哲	
监　　制：	邢越超	
策划编辑：	李彩萍	
特约编辑：	尹　晶　何琪琪	
版权支持：	金　哲	
营销支持：	文刀刀　周　茜	
版式设计：	李　洁	
封面设计：	梁秋晨	
出　　版：	湖南文艺出版社	
	（长沙市雨花区东二环一段508号　邮编：410014）	
网　　址：	www.hnwy.net	
印　　刷：	三河市天润建兴印务有限公司	
经　　销：	新华书店	
开　　本：	680mm×955mm　1/16	
字　　数：	249千字	
印　　张：	16.5	
版　　次：	2020年6月第1版	
印　　次：	2024年7月第7次印刷	
书　　号：	ISBN 978-7-5404-9496-4	
定　　价：	45.00元	

若有质量问题，请致电质量监督电话：010-59096394
团购电话：010-59320018